Bertram Graf von Quadt

BLATTJAGD

Widmung

Meinem verstorbenen Großvater
Herzog Albrecht von Bayern

Meinem Freund und Lehrer
Revierjagdmeister Anton Rosmer

Bertram Graf von Quadt

Blattjagd

Handbuch für Praktiker

Bildnachweis:
ZEICHNUNGEN: Hans Lakomy: Vor- und Nachsatz, Seite 2, 12, 26, 27, 33, 48, 58, 123, 127, 198. FOTOS: Bertram Graf von Quadt: Seite 30, 83, 105, 121, 122, 129, 146, 147, 161, 172, 179, 183, 192. Karl-Heinz Volkmar: Seite S. 20, 24, 35, 41, 43, 45, 46, 51, 53, 55, 56, 61, 62, 65, 67, 70, 72, 74, 79, 81, 84, 87, 91, 94, 97, 101, 102, 109, 112, 115, 134, 135, 141, 143. Denise Rebstock (mit freundlicher Gehemigung der „Halali"): 136, 138, 151, 152, 154, 157, 159. Frank Rakow: Seite 21. Roland Zobel: S. 7. Kupferstich von Riedinger: Seite 16.

Impressum

ISBN 978-3-7888-2093-0
Überarbeitete 2. Auflage 2024
Printed in Germany

Erschienen in der Edition Jagdpraxis im Auftrag des Verlages Neumann-Neudamm

c/o NJN Media AG
Unter dem Schöneberg 1
D-34212 Melsungen

info@neumann-neudamm.de
www.neumann-neudamm.de

INHALTSVERZEICHNIS

Vorwort

Mit Begeisterung und auch großer Spannung habe ich das Handbuch *Blattjagd* von Bertram Graf Quadt regelrecht verschlungen. Zeigt doch dieses Handbuch die enorme Erfahrung des Verfassers auf und gibt vor allem viele praktische Tipps für den Rehwildjäger.

Ich hatte die große Ehre, die wohl bekanntesten und mit einem unwahrscheinlichen Wissen ausgestatteten Rehwildexperten Herzog Ludwig Wilhelm in Bayern und den besten Rehwildkenner Herzog Albrecht von Bayern kennenzulernen und mich mit ihnen lange und gründlich zu unterhalten. Bertram Graf Quadt setzt die jagerische Tradition und das Wissen seines Großvaters Herzog Albrecht in gekonnter Manier fort. Aus dem Hause Wittelsbach kam schon immer die „jagdliche Elite“. Nicht umsonst werden wir Berufsjäger in Bayern und im gesamten Alpenraum nach der herzoglichen Methode ausgebildet, was sich stets bewährt hat. Mit Stolz und hoher Achtung sprechen wir Berufsjäger noch heute von der Wittelsbacher Schule.

Viel Tinte und auch Geist wurde von selbst ernannten Rehwildexperten schon verspritzt und vieles war auch praktikabel. Einiges habe ich bald aber zur Seite gelegt, da es fürwahr nicht brauchbar war.

Wenn man fast sechzig Jahre schon zum Jagern geht, davon vierzig Jahre als Berufsjäger, dann kann man von sich behaupten, etwas von der Materie Blattjagd zu verstehen. Zumal mir ja besonders das Thema bzw. die praktische Erfahrung der Ruf-, Lock- und Reizjagd am Herzen liegt – ein unerschöpfliches Thema!

Wie Bertram Graf von Quadt mit einfühlsamen und dennoch bescheidenen Worten erklärt, ist besonders erwähnenswert. Auf den Jagdmessen in Dortmund und Salzburg stecken wir zwei immer wieder die Köpfe zusammen und tauschen unsere Erfahrungen und Meinungen aus – Gott sei Dank in urbayrischem Dialekt! Viele Erklärungen aus dem Mund von Graf Quadt habe ich in der Praxis ausprobiert und kann nur den Hut vor so viel Wissen und Können ziehen.

Ich kann dieses Handbuch nur wärmstens empfehlen, ja: Es gehört in die jagerische Bibliothek eines jeden Rehwildjägers.

Schliersee, im Schnepfenmond 2016

Konrad Esterl, Wildmeister i. R.

Einleitende Bemerkung

Die Blattjagd ist – zumindest für mich – die Krone der Jagd auf den Rehbock, und da ich mich aus genetischen und anderen Gründen dem Waidwerk auf genau dieses Wild verschrieben habe, stellt sie für mich eine Unverzichtbarkeit im jagdlichen Jahreslauf dar. Seit ich vor etwas mehr als dreißig Jahren meinen ersten Jagdschein löste, habe ich genau zwei Blattzeiten versäumt, und beide Male stand ich sozusagen weinend am Fenster und wollte hinaus. Wollte im Wald sein, an dessen stillsten Ecken hocken und hineinrufen, um zu hören, wie es denn herausschallen würde. Wollte am Feld sitzen, um zu sehen, welche Häupter sich auf meinen Ruf hin aus dem Grün oder Gelb erhöben. Wollte diese kurzen, heißen, in jedem Punkt auf das Wesentliche konzentrierten Momente erleben, wenn es erst rot durch die Stämme oder Halme blitzt, wenn aus diesem ersten Zeichen dann das Wild, endlich der Bock wird, der suchend springt und über dessen Leben und Tod in Sekunden entschieden sein muss.

Am Anfang meines Jagens war mir das Blatten – das gebe ich ehrlich zu – ein Mittel zum schnellen Erfolg. Ich kam so leichter zu Erlegung und Aneignung des Wildes als sonst auf dem Hochstand oder der Pürsch. Später und mit etwas mehr Hirn im Schädel war das Blatten eine Prüfung, in der ich mein jagdliches Können zeigen durfte. Heute ist es mir ein lieb gewonnener Weg, um darauf alle Jahre noch mehr über Wild und Revier lernen zu dürfen. Besonders freut es mich inzwischen, wenn ich gute Freunde oder Gäste auf den Blattstand führen und sie zu gutem Jagderfolg bringen kann. Am schönsten ist es mir aber, wenn ich einem jungen Jäger zeigen darf, wie schön und vielseitig diese Jagd ist.

Ich möchte an dieser Stelle aber auch mahnen und den Leser dieses Buches darauf hinweisen: In diesem Buch dreht es sich nicht um kleine braune Knospenfresser, die zum Wohl des Waldes ausgemerzt werden müssen und die man sowieso nicht nach dem Alter ansprechen kann, bei denen die Verwendung des Begriffes „Qualität" auf übles Trophäenjägertum hindeutet und die generell ohne Weiteres umzuschießen sind, und kann das anstrengungslos auf der Blattjagd erfolgen, dann umso besser. Wer so denkt, den bitte ich, dieses Buch sofort in den Kamin oder Kachelofen zu werfen, denn für solche Leute ist es nicht geschrieben. Es ist für Menschen, die das Rehwild kennen oder kennenlernen wollen, die es als Wert im Wald und als Bestandteil unserer Natur schätzen und die darauf mit Anstand vor dem Wild und Achtung vor Geschöpf und Schöpfung jagen möchten.

Es gibt eine ganze Reihe von Büchern über die Blattjagd. Eines will ich ganz besonders herausheben: „Rehruf" von Philipp Graf Meran. Dieser große Könner und Kenner hat mich viel gelehrt. Manches von dem, was dort zu lesen ist, steht in ein oder anderer Form auch hier. Leider ist dieses Buch vergriffen. Auch daher habe ich den Mut gefunden, der „Blattjagd-Bibliothek" diesen Band hinzuzufügen. Es ist keine wissenschaftliche Arbeit und erhebt auch nicht den Anspruch, eine solche zu sein. Es ist vielmehr eine Anleitung aus Praxiserfahrung heraus. Es deckt sicher nicht alles Wissen über die Blattjagd vollständig ab, denn ich lerne jedes Jahr stets und gern etwas Neues darüber. Es ist insbesondere kein Garant für eine erfolgreiche Blattjagd, aber es mag vielleicht jeder für sich einige neue Ansätze und Ideen daraus schöpfen. Vielleicht kann ich Merans und anderer wichtiger Autoren Worten noch das ein oder andere Erfahrene und Erlernte hinzufügen.

I. KAPITEL

Geschichte der Blattjagd

Wann genau der erste Mensch auf die Idee kam, das Fiepen der Gaiss nachzuahmen, um damit einen Bock anzulocken, ist nicht bekannt. Aber es dürfte recht früh gewesen sein, denn erste Erwähnungen der Jagd mit dem Ruf auf das Reh tauchen schon bei den Minnesängern auf. Wolfram von Eschenbach gibt um 1210 im „Parzival“ bereits einen Hinweis darauf, und zwar im dritten Buch.

Gahmuret, Parzivals Vater, kommt in Diensten des Kalifen von Bagdad um. Herzeleide, seine Frau, zieht sich samt Sohn trauernd in die Waldeinöde von Soltane zurück und erzieht ihren Buben in paradiesischer Freiheit und Einfalt, besser: Sie lässt ihn vom Gesinde, von den Bauern und den Jägern erziehen. Der Bub macht das, was Buben im Wald halt so machen. Er jagt, und er wird darin recht gut. Erst ist er mit Pfeil und Bogen auf Vögel unterwegs, dann lernt er die Kunst des Vogelfangs am Vogelherd, später darf er mit dem Gabilot, dem Sauspieß, hinaus und damit erlegt er vornehmlich Hirsche. Er jagt so viel, dass er es richtig übertreibt: *„dem wilde tet sîn schiezen wê“*[1] – sprich: Der Wildstand nimmt bedenklich ab. Mitten in der Beschreibung von Parzivals wilder Jagerei steht dann auf einmal dieser Satz: *„er brach durch blates stimme en zwîc“*[2]. Einhellig wird diese Stelle übersetzt mit: „Er brach zum Blatten einen Zweig.“ Was er dann damit macht, wie viele Böcke er heimbringt, davon schweigt der Eschenbach. Nachdem aber sonst schon eher genau aufgelistet ist, was der junge Kerl da so erlegt, kann

man schließen: Das mit dem Blatten war keine Besonderheit, schon damals nicht mehr.

Nun gibt es immer wieder Autoren wie Dombrowski[3], die behaupten, dass die Blattjagd im Mittelalter verpönt gewesen sei, ja, jegliche Pürschjagd. Denn der Jäger dieser Zeiten habe sein Wild mit Mut und Manneskraft und nicht mit Hirn und Wissen erlegen müssen, wenn er denn als Jäger gelten wollte. Das mag für Hirsch und Sau stimmen, aber das Rehwild zählte damals wie heute zur Niederen Jagd, darum scherten sich die hohen Herren mit ihrem Mut und ihrer Manneskraft nicht. Ein reiner, von Bauern und Jägern erzogener Tor wie der junge Parzival aber, dem war das Rittertum noch reichlich egal, als er sich zum Blatten seinen Zweig brach.

Auch Hadamar von Laaber, der Minnesänger aus der Oberpfalz, gibt im 14. Jahrhundert in seiner auf die Liebe gemünzten Allegorie „Die Jagd" reichlich Hinweise auf das langsame Anpürschen, das Auskundschaften, das Anlocken des Wildes. So wie der minnebeflissene Ritter seine in der Kemenate weggesperrte Schmalgaiss mittels Schalmei und Leier hervorlockt, so hat halt auch damals schon und wahrscheinlich lang davor der Jäger sich sein Wild gelockt, darunter eben auch den Rehbock.

Gegen Ende des 16. Jahrhunderts findet sich ein weiterer Hinweis auf die Blattjagd, im „Puech zu der Waidmannschafft" eines unbekannten Autoren.

Eine Abschrift findet sich in der Stiftsbibliothek zu St. Florian in Oberösterreich. Kurt Lindner verweist darauf und nennt aus Kap. 37 des mir nicht vorliegenden Werkes „kleine Sackpfeiflin“[4] als Instrumente für die Blatterei. Mithin haben wir uns von der reinen Verwendung eines Baumblattes oder der Baumrinde zu einem künstlich hergestellten Instrument begeben. Da eine Sackpfeife, vulgo Dudelsack, durch ein Rohrblattmundstück geblasen wird, dessen Aufbau unseren heutigen Blattern ähnelt, liegt der Schluss nahe, dass da ein Instrumentenbauer, der nebenher ein wenig jagte, sich etwas ausgedacht hat.

1718 verlegt der kgl. sächsische Ober-Landjägermeister (also sozusagen der Forstminister) Hermann Friedrich von Göchhausen seine „Notabilia Venatoris, Oder Jagd- und Weidwercks-Anmerckungen“[5] bei Siegmund Heinrich Hoffmann in Weimar. Er kann sich (wie viele Autoren vor und nach ihm) die Rehbrunft nicht anders erklären, als dass sie richtig im Winter stattfinden müsse, schreibt er doch:

„Es weiset solche auch die vielfältige Observanz, daß, wann im November und December gepirschte oder im Jagen gefangene Rehe aufgebrochen werden, man in denselben nicht die geringste Anmerkung einer Empfängnuß vermerken kann, da doch dieselbe kenntlich genug dahero sein müßte, weil sie schon vier Monate alt wäre. Item: es müsste solchergestalt ein Rehe vier Wochen länger als ein Thier tragen, welches doch der Natur derselben zuwider.“[6]

Göchhausen gibt uns aber noch ein paar andere aufschlussreiche Hinweise. Zum einen bezeichnet er die Rehgaiss weder als „Gaiss“ noch als „Ricke“, sondern als „Ziege“, womit die Etymologie beider heutiger Begriffe geklärt sein könnte. Zum anderen beschreibt er das Keuchen des scharf springenden Bockes, das Verhalten beim Hintreten an die Gaiss und das unterschiedliche Verhalten von jungen und älteren Böcken[7].

Wir springen wenige Jahrzehnte weiter nach vorn. 1746 erscheint bei Johann Samuel Heinsius zu Leipzig ein Buch des Berufsjägers und Forstmanns Heinrich Wilhelm Döbel: „Neueröffnete Jäger-Practica oder der wohlgeübte und erfahrene Jäger, darinnen eine vollständige Anweisung zur gantzen Hohen und Niedern Jagd-Wissenschaft in vier Theilen enthalten“. Dieses Buch wird zum Standardwerk über lange Zeit, Autoren wie Raesfeld zitieren daraus.

Darin widmet Döbel ein eigenes, wenn auch sehr kurzes Kapitel, nämlich 2. Teil, 56. Kapitel, der Blattjagd. In seiner Kürze darf es hier zitiert werden:

„Vom Reh-Blatten, wie die Rehe aufs Blatt geschossen werden

Das Reh Schiessen aufs Blatt geschiehet solcher Gestalt: Man nimmt von Bircken die auswendige Schale; mit Buchen-, Birn- oder Aepfel-baum-Blättern gehet es auch an, die birckenen Schalen aber sind die besten, weil sie reiner und weiter zu hören sind. Darauf ruffe (pfeiffet) man einen zweystimmigen Ruff, wie ihn die Riecke thut, wenn sie sich um ihre Jungen bekümmert. Man muß sich aber fertig halten. Denn sie kommen schnell geläufen, besonders im August, und auch wenn der Bock keine Ricke bey sich hat. Doch kommen sie auch wohl von ihrer bey sich habenden Riecke weg, und suchen sich zu verneuern. Allein es wird ihnen für die Buhlschafft öfters ein solcher Lohn gegeben, daß sie deren vergessen, und mit dem Leben es büssen und bezahlen müssen.“[8]

Wieder fällt auf, dass der Autor die Blatterei recht beiläufig behandelt, als wäre es keine Kunst, über die sich weiter zu schreiben lohnte. Doch hier ist das nicht mehr dem Umstand geschuldet, dass Rehwild Niederwild ist und damit in den Augen der hohen Herrschaften zweite Wahl wäre. Denn zum einen widmet Döbel anderen Belangen der Niederen Jagd sehr weite und sehr ausführliche Strecken, zum anderen war der Mann kein Herrenjäger, sondern ein ausgebildeter und 1717 wehrhaft gemachter Berufsjäger, der danach drei Reisejahre absolvierte und dann in Diensten des Herzogs von Braunschweig-Wolfenbüttel stand. Man kann eher davon ausgehen, dass die Blattjagd so sehr bekannter Jägerbrauch war, dass sie ihm in genauer Beschreibung gerade einmal diese mageren Zeilen wert schien.

Döbels beruflich erworbenes Wissen lässt sich auch daran ablesen, dass er im ersten Teil seines Werks das 7. Kapitel allein dem Rehwild widmet. Auch hier erwähnt er den Umstand, dass *„die Böcke im Augusto starck auf's Blatt lauffen“*[9], beschreibt auch das geschwollene Kurzwildbret, beharrt aber fest darauf und sucht es auch zu belegen, dass die rechte Brunft des Rehwildes nicht im Sommer, sondern im Dezember stattfinde. Als Beweis führt er an, dass er wiederholt und in unterschiedlichsten Revieren Gaissen vor Beginn Dezember erlegt, aufgebrochen und genau untersucht, dabei aber kein Merkmal einer Trächtigkeit gefunden habe. Bei Gaissen, die Ende Dezember so untersucht wurden, habe er dann in der Tracht Schleim vorgefunden, im Januar seien Embryonen und erst Ende Februar Föten vorhanden gewesen.

Weiter beobachtet er, dass die Böcke im August zwar dem weiblichen Wild hinterher seien, da aber vornehmlich den Schmalgaissen, denen er die echte Brunftfähigkeit abspricht. Er beschreibt zwar den beobachteten Beschlag im August an jahrigen Gaissen, negiert aber die Aufnahme. Die billigt er nur adulten Gaissen zwischen November und Dezember zu. Diese Beobachtungen zusammen mit dem Setztermin des Rehwildes im Frühjahr und dem Vergleich der Trächtigkeit beim Hochwild (und hier schreibt er fast wortgetreu bei Göchhausen ab) lassen ihm nur den Schluss zu, dass im August eine Schein- und im Dezember eine stille, aber echte Brunft stattfindet.

Döbels Beobachtungen werden von anderen Autoren übernommen, auch wenn der Streit in der Jägerschaft über den Zeitpunkt der echten Brunft anhält.

Der kgl. Württembergische Oberforstrat und Direktor des Forst- und Jagdlehrinstituts Stuttgart, Georg Ludwig Hartig, verlegt 1812 bei Cotta in Tübingen sein „Lehrbuch für Jäger und die es werden wollen“. Auch er kennt die offenbar immer noch andauernde Diskussion über den Brunfttermin[10]: Auf der einen Seite gibt es die Beobachtungen des Brunfttreibens im Hochsommer zwischen Jakobi (25. Juli) und Großfrauentag (Mariä Himmelfahrt, 15. August), auf der anderen Döbels nicht widerlegbare Erkenntnisse des erst im Januar in der Tracht sichtbaren Embryos. Er transportiert Döbels These in seinem Lehrwerk vollinhaltlich weiter: Scheinbrunft im August, Beschlag der Schmalgaiss ohne Aufnahme. Echte Brunft nur mit adulter Gaiss im Dezember, als Beweis wieder das Fötenwachstum. Aber weder Döbel noch Hartig noch sonst ein Autor dazwischen beschreiben jemals einen beobachteten Beschlag im Winter.

Interessant ist, dass Hartig keine sechs Jahrzehnte nach Döbel die Blattjagd sehr viel eingehender beschreibt. In seiner Beschreibung der Jägersprache ist bereits vom „Verblatten“ die Rede, in der Naturgeschichte des Rehwildes schreibt er über Brunftkämpfe und -geschehen, erkennt, dass nur die Gaiss Fieplaute von sich gibt, und beschreibt die Nachahmung dieser Laute bis hin zum Angstgeschrei. Dabei erwähnt er auch, dass nicht nur auf Rinde oder

Baumblatt, sondern auch auf *„eigens dazu verfertigten kleinen Instrumenten“*[11] der Ton nachgeahmt werden könne.

Dass der Streit um den Brunfttermin so lange andauern konnte, ist nachvollziehbar. Die Keimruhe beim Rehwild wurde erst durch Ziegler (1843) und Bischoff (1854) beschrieben – übrigens zum ersten Mal bei einer europäischen Säugetierart[12]. Raesfeld, der 1905 die erste große Monographie über das Rehwild verfasst hat, zitiert die Erkenntnisse von Bischoff und räumt so mit der Mär von der Winterbrunft auf[13]. Außerdem beschreibt er meines Wissens zum ersten Mal in der Literatur die Lautäußerungen des Rehwildes und deren Anwendung eingehend[14]. Da ist dann alles bereits vorhanden: das lockende Fiepen, der Sprengruf, das Angstgeschrei von Gaiss und Kitz, das Schrecken, das Keuchen (Raesfeld spricht von „Trenzen“), das Fegen und Plätzen.

Wir sind Zwerge, die auf den Schultern von Riesen stehen. Das hat schon Bernhard von Chartres gewusst und um 1120 aufgeschrieben. Was er sagte, galt zwar für Theologie und Philosophie, und damit für erheblich kardinalere Wissenschaften als die Jagd, aber man darf dieses Zitat durchaus anwenden. Denn wir Zwerge stehen – wenn wir es einmal da hinauf geschafft haben – nur aus einem Grund dort oben: dass wir weiter sehen können. Wir wissen zwar so mancherlei über das Rehwild, seine Brunft und deren Rolle für die Jagd. Aber es gibt noch viel zu erkennen und erforschen. Es ist ein sehr kühner Wunsch, dass dieser winzige, oberflächliche Abriss über die Geschichte der Blattjagd irgendwann vervollständigt und weitergeschrieben wird. Aber ich gönne mir in diesem Moment diese Vermessenheit.

II. KAPITEL

Drei Säulen

BLATTJAGD IST KEIN GARANTIEGESCHÄFT – SO SEHR MAN SICH DAS AUCH WÜNSCHEN MAG.

Manch einer denkt sich vielleicht: Den guten Alten, den ich nur selten sehe, auf den sitze ich mir nicht stundenlang den Hintern platt, bis mich Frau und Kinder nicht mehr kennen. Den hole ich mir beim Blatten, da habe ich ihn sicher. Das kann funktionieren, das muss es aber nicht. Hat man ein durch einen Berufsjäger oder mehrere Ausgeher genau überwachtes Revier oder weiß man selbst durch intensiven Einsatz genau Bescheid über die einzelnen Böcke, so kann es durchaus funktionieren, den ein oder anderen Bock für einen guten Freund so „anzubinden", dass man ihn in der Blattzeit auch tatsächlich bekommt. Aber aus mehreren noch genauer im Detail zu erläuternden Gründen ist der Erfolg durchaus nicht garantiert. Ich kann mich gut erinnern, dass im elterlichen Revier im Allgäu – das sehr auf die Blattjagd ausgerichtet war – so mancher Gast nicht den ihm zugedachten Bock bekam oder ihn nur zufällig erwischte, als man auf der Suche nach einem „Ersatzbock" unverhofft und in einem völlig anderen Revierteil an den eigentlich Gesuchten geriet. Ebenso kann es geschehen, dass am Blattstand von Bock A mit einem Mal ein völlig fremder Bock B zusteht, der eigentlich gar nicht dorthin „gehört".

Mitunter taucht ein vollkommen fremder Bock auf.

Das macht den großen Reiz dieser Jagd aus. Sie steht auf drei Säulen, dem „Wo“, dem „Wann“ und dem „Wie“. Das „Wo“ macht – sagen wir – 50 Prozent des Erfolges aus, das „Wann“ weitere 30. Das „Wie“ bestimmt die verbleibenden zwanzig Teile zum vollen Hundert. Aber: Das „Wo“ kann ich zu 30 Teilen am Ganzen nur bestimmen, das „Wann“ vielleicht zu 40. Das „Wie“, den bei Weitem am wenigsten ausschlaggebenden Teil der Sache, das allein kann ich zu 100 Prozent bestimmen. Und zu der Frage, wie ich blatte, kommt noch der Faktor des „Was“, der Ausrüstung also. Aber der Reihe nach.

SÄULE I: DER RECHTE ORT

Wo fang' ich an?

Die Wahl des richtigen Ortes ist das Wesentlichste, wenn es um Erfolg oder Misserfolg der Blattjagd geht. Man kann die Reh-Klarinette noch so schön spielen, den Buttoloball noch so heftig drücken oder das Buchenblatt noch so sehr strapazieren: Wenn man an der falschen Ecke steht, dann veranstaltet man womöglich ein ganz wunderbares Waldkonzert, aber das erwünschte Publikum im roten Frack wird ausbleiben. Man zweifelt dann an seinen Blattkünsten, glaubt, man sei zu sacht gewesen und pustet umso stärker – was gar nichts bringt in dieser Situation –, oder man denkt gleich, man habe das Blatt-Handwerk verlernt (wobei die Möglichkeit nie ganz auszuschließen ist, dazu später mehr). Dabei hat man schlicht einen Fehler gemacht, wenn auch einen kardinalen: Man hat bei der Ortswahl ein paar grundlegende Punkte außer Acht gelassen.

Die richtige Ortswahl ist ein wesentlicher Punkt zum Erfolg.

An sich ist es recht einfach: Man fängt da an, wo ein suchender Bock ist, dem möglichst keine brunftige Gaiss per Wittrung in den Windfang steigt. Denn so gut der Mensch auch jemals wird blatten können, so riechen wie eine Gaiss in voller Brunft wird er hoffentlich nie können, schon aus Rücksicht seinen nichtjagenden Mitmenschen gegenüber. Gelegentlich hat man das Glück, an einen suchenden Bock zu geraten. Man kennt ihn unschwer: Der kommt daher wie ein Schweißhund auf der Fährte, den Windfang tief am Boden, die Lauscher hängen ihm nach vorn, der Geifer scheint ihm schier aus dem Äser zu tropfen, und fast möchte man meinen, er zöge eine glitzernde Spur hinter sich am Boden her. Der Bock strahlt all das aus, was mit einem Wort als „Notgeilheit“ umschrieben werden kann. Dann reichen ein paar wenige Pfiffe, er kommt, und wenn er passend ist, dann erlegt man ihn.

Aber: Diese Gelegenheiten sind alles andere als alltäglich. Gehen wir von einem durchschnittlich balancierten Geschlechterverhältnis aus, dann liegt das in unseren Revieren zwischen Gaiss und Bock meist um die 4–5 : 1 und wahrscheinlich noch höher. Das fürs Blatten optimale Verhältnis von 1–2 : 1 wird meines Erachtens nur in tatsächlich und sinnvoll bewirtschafteten Rehwildbeständen erreicht. Dass diese nicht die Mehrzahl darstellen, liegt leider auf der Hand. Dass ich in der Breite von einem Überhang beim weiblichen Rehwild ausgehe, liegt daran, dass die meisten Jäger traditionell lieber auf den Bock jagen, als sich in gleichem Maß auf den Gaissenabschuss zu konzentrieren. Der ist deutlich aufwendiger und mühseliger. So kann man also auf Basis dieser Prämissen davon ausgehen, dass einem Bock, der mit seiner momentanen Gaiss fertig ist, recht schnell die nächste zugänglich ist und er gar nicht erst groß ins Suchen kommt. Die Frage nach dem richtigen Ort zum Blatten scheint somit zum reinen Ratespiel zu werden. Man weiß zwar übers Jahr hinweg wohl (oder sollte wissen), wo der ein oder andere Bock Einstand und Wechsel hält, aber ob der da auch in der Blattzeit solo zugange ist? Sollte jemand diese Frage beantworten können, dann behalte er diese Weisheit bitte für sich, sonst nähme er mir den größten Teil des Reizes dieser Jagd!

Will man auf einen ganz bestimmten Bock blatten, dann geht das nicht ohne Vorbereitung ab, und diese Vorbereitung liegt in der Bestätigungsarbeit.

Bestätigen heißt aber nicht nur, dass man auf dem Hochstand hockt und brav Buch darüber führt, um welche Uhrzeit der betreffende Bock auf die Wiese auszutreten pflegt. Da geht es auch darum, wo er austritt, welche Rolle Witterung, Mondphase und Lichtverhältnisse bei Zeit und Ort des Austretens spielen. Ferner sollte man genau wissen, wie der Wald um die Wiese aussieht, wo, wann und in welcher Situation der Bock seinen Haupt- und Nebenwechsel hält, wo sein Tageseinstand ist, wie der beschaffen und bestockt ist. All das gibt mir wichtige Hinweise darauf, wo ich die Blattjagd auf diesen Bock am besten ansetze.

Aber auch wenn ich es aufs Geratewohl probiere, ist eine genaue Kenntnis der örtlichen Gegebenheiten eminent wichtig. Es ist ja – wie vorhin gezeigt – nicht davon auszugehen, dass an meinem gewählten Stand ein suchender Bock um die Wege ist. Je nach tatsächlichem Geschlechterverhältnis kann der Bock eben mit der Gaiss fertig sein und noch bei ihr stehen, unterwegs zur nächsten sein oder noch die momentan Erwählte treiben. Dann steht er ohnehin aufs normale Blatten nicht zu. Für die ersten beiden Fälle habe ich aber dennoch gewisse Chancen, wenn ich meinen Blattstand gut wähle. Dazu gibt es einige wichtige Regeln:

1. Da blatten, wo ein Bock sein kann. Irgendwo im äsungslosen Hochwald bei geschlossenem Kronendach herumpfeifen, ist eine recht müßige Angelegenheit. Sich an eine übergüllte und artenarme Wiese hocken und da blatten, bringt ebenfalls wenig. Äsungsreiche Tageseinstände sind verheißungsvoller, Dickungen sollten in der Gegend sein.

2. Da blatten, wo Brunftbetrieb sein kann. Da man bei bestimmten Blattlauten das Treiben imitiert, sollte man diese Laute auch nur da anwenden, wo Brunftbetrieb normalerweise stattfindet. Dabei sind zwei Dinge zu beachten: So wie die meisten Menschen wollen auch die meisten Rehe beim Brunften mehr oder minder unbeobachtet sein. Das heißt aber nicht, dass der Betrieb im dicksten Dickicht stattfindet, sondern eher in einem nicht allzu einsehbaren, aber noch halbwegs offenen Bereich. Das kann eine hochgewachsene Wiese

Brunftbetrieb herrscht oft in einem nicht allzu einsehbaren, aber noch halbwegs offenen Bereich.

sein, ein (nicht völlig zugewucherter) Schlag, ein Hochwald mit eingesprengter Naturverjüngung oder dergleichen. Auf jeden Fall sollte der gewählte Ort eine bestimmte Struktur haben, die Gaiss braucht für den Hexenring einen Mittelpunkt, um den sie herumlaufen kann: eine junge Fichte, ein Busch, zur Not auch eine lichte Stelle im Wiesengras. Auf einer ebenmäßig und relativ frisch gemähten Wiese wird man selten Rehe treiben sehen. Da kann man vielleicht locken oder mit dem Kitzruf arbeiten, aber Sprengruf und Geschrei bringen einen hier nicht viel weiter.

3. Wind beachten. Auch der notgeilste Bock merkt recht schnell, dass da statt einer brunftigen Gaiss ein jagender Mensch steht, wenn er voll und ausreichend Wind von der Sache bekommen hat. Daher ist der Wind immer zu beachten. Aber: Nur im völlig flachen Revier weht der stets aus einer Richtung. Jagt man im kupierten Gelände, dann kann er je nach Hanglage und Bewuchs an der einen Ecke von vorn und an der anderen von hinten kommen. Raesfeld hat dazu in seinem Buch „Das Rehwild"[15] einige sehr gute Anleitungen gegeben. Er empfiehlt, sein Revier genau zu studieren. Generell ist eine Windkarte eine gute Sache: Vor jedem Pürschgang oder Ansitz wird Witterung und Hauptwindrichtung festgestellt und dann an den jeweiligen Stellen im Revier die tatsächliche Windrichtung notiert. Nach ein oder zwei Jahren weiß man dann recht genau, wann der Wind woher weht. Ein Beispiel: In meinem englischen Revier gibt es einen Wald, der bei fast allen Witterungslagen wegen schlechten Windes kaum bejagbar war. Nur an ganz schwülen Tagen ging es: Da wehte zwar auf der Wiese draußen ein schwacher Lufthauch gen Wald. Drinnen aber stockte sich die feuchtnasse Luft und der Wind von draußen prallte sozusagen von diesem Luftpropf ab und zog wieder hinaus. In der Blattzeit fiel dort so mancher Bock, der sonst kaum zu bekommen war, wenn wir zehn Schritt im Waldesinneren blatteten.

4. Gelände beachten. Wie wichtig die Geländesituation ist, ergibt sich schon aus der Beobachtung des Windes. Man sollte sich aber auch sonst das Gelände genau ansehen, denn beispielsweise springt Rehwild ungern lange Strecken bergauf. Oben würde ein springender Bock außer Atem sein und damit in einer sehr ungünstigen Situation einem Nebenbuhler ins G'wichtl laufen. Auch sollte man, speziell im Gebirge, es vermeiden, an großen Wiesen zu blatten (es sei denn, der Bock steht schon da), denn gern rauschen die Böcke dann derart über die Wiese her, dass sie einem fast in den Stand hineinrumpeln – oder sie schleichen sich von hinten heran. Muss man aber dennoch an solchen Ecken blatten, empfiehlt es sich, zu zweit zu sein am Stand, damit ein Augenpaar immer das „Hintergelände" kontrolliert. Rauscht ein Bock auf die Wiese heraus und ist er noch zu weit zum Schießen, dann sollte man sehr schnell deutlich verhaltener im Blatten werden, also seltener und etwas leiser blatten. Je lauter und schneller man ruft, umso schneller wird der Bock wahrscheinlich über die Freifläche auf den Ruf springen. Wenn man es geschickt anstellt und den Ruf auch in der Richtung steuert, kann man den Bock fast wie ein dressiertes Ross von links nach rechts steuern und sogar anhalten.

Richtig: Den Bock vom Hellen ins Dunkle rufen.

5. Nie vom Dunklen ins Helle blatten. Umgekehrt ist es richtig. Treten wir Menschen aus dem abgedunkelten Schlafzimmer ins helle Licht des Tages, dann sticht das in den Augen und das ist unangenehm. Beim umgekehrten Weg dauert es zwar ein wenig, bis sich das Auge der Dunkelheit angepasst hat, es ist aber bei Weitem angenehmer. Dem Rehwild geht es da nicht anders. Außerdem fühlt es sich im Bewuchs sicherer. Beispiel: Vermutet oder weiß man den Bock im Feld, dann nimmt man einen Stand im Wald dreißig bis vierzig Meter hinter der Feld-/Waldgrenze.

6. Der Boden ist mein Freund. Beim Blatten „ins Ungewisse" kann der Bock von allen Seiten springen. Da der Teufel bekanntlich ein Eichhörnchen ist, wird der Bock just da springen, wo ich in dem Moment nicht hinschaue. Blattet man zu zweit und sitzt oder steht man Rücken an Rücken (die Alten nannten das nach einer altrömischen, doppelköpfigen Gottheit

Hier wird kaum ein Bock kommen: Er müsste aus dem Dunkel ins Helle.

den „Janusstand"), dann hilft das viel in solchen Situationen. Darum sollte man auch, wenn man unter Führung am Boden blattet, den Jagdführer bitten, in die andere Richtung zu schauen. Ist man aber allein, dann muss man sich auf seine Ohren verlassen. Trockenes Laub auf dem Boden, sonst der Fluch der Pürsch, ist bei der Blattjagd Gold wert, denn es verrät das anwechselnde Wild. Ein rauschender Bach, der sicherlich sehr zur Romantik beiträgt, ist da weniger hilfreich.

7. Ausblick und Kugelfang sind ausschlaggebend. Wenn mir der Bock – weil ich mitten im dicksten Zeug blatte – direkt vor die Füße springt, dann kann ich ihn entweder ansprechen oder schießen, und letzteres auch nur bei offener Visierung und sehr schneller Reaktion. Wenn er mir im topfebenen Gelände oder direkt an der Hangkante gegen das hohe Licht springt, habe ich zwar Anblick, aber keinen Kugelfang und damit keine Chance auf Jagderfolg.

Reviergegebenheiten

Egal wie und wo ich jage, die Maßgaben des Reviers bestimmen mein Tun und Handeln. Das hat auch Einfluss auf die Ortswahl bei der Blattjagd. Will der öffentlich-rechtliche oder private Jagdherr mit seinem Rehwild etwas Sinnvolles anfangen, will er es einfach nur kurz halten oder will er Schindluder damit betreiben? In letzterem Falle empfiehlt sich eine kategorische Absage. Wir sind Jäger und keine Schädlingsbekämpfer, daher dürfen wir uns auch nicht zu Handlangern herabwürdigen lassen.

Will der Jagdherr, dass bestimmte, ausgesuchte und nach Alter bzw. Entwicklung selektierte Stücke erlegt werden, dann ist die Ortswahl dem unterzuordnen. Sind nur schwache Jahrlinge frei, dann blattet man im Habitat zweiter Qualität, denn dort treiben sich die freigegebenen Böcke vornehmlich herum. Hat man schwache Böcke der Mittelklasse frei, dann gilt das Gleiche, denn auch die „indifferenten" Böcke sind eher im Randbereich der Brunft zu suchen. Hat man das Glück und darf auf alte, reife Herren seine Fähigkeiten erproben, dann suche man die besten Einstände auf und blatte dort oder darum herum.

Geht es dem Jagdherrn also darum, dass die Bestandszahl reduziert wird, konzentriere man sich auf die Stellen, wo Böcke „zweiter Wahl" zu erwarten sind, mithin also die schwachen Jahrlinge und die indifferenten non-adulten Böcke. Die guten, fetten Einstände und Streifgebiete der alten Herren meidet man dann besser, denn zum einen hat man sie nicht frei, und zum anderen sind dann gern wichtigere – oder besser zahlende – Jagdgäste darauf geladen. Es ist eine Sache des jagdlichen Anstands, dass man dem Jagdherrn da nicht ins Handwerk pfuscht. Und selbst für Jäger, denen dieser Anstand fehlt, gilt: Man will ja wieder eingeladen werden!

Will der Jagdherr aber, dass das Rehwild schlicht aus seinem Revier verschwindet, dann sollte man sein eigenes Gewissen sehr genau prüfen. Die Ortswahl ist dann besonders wichtig: Wählt man einen Blattstand in dem Gewann dieses Jagdherrn oder versucht man es besser irgendwo ganz weit weg?

Wildstand

„Was ist denn überhaupt da?" Diese Frage stellt sich insgeheim oder offen ausgesprochen wohl jeder Blattjäger, der in ein Revier kommt. Beantworten muss das der Jagdherr, und darum ist dieser Punkt sowohl für die Eingeladenen, die Einladenden als auch die selbst im anvertrauten Revier Jagenden wichtig. Die Blattjagd ist trotz all ihrer Unwägbarkeiten – die es ja beim Rehwild generell und in allen Punkten zuhauf gibt – ein ganz hervorragendes Mittel, um den notwendigen Abschuss effizient und sinnvoll zu tätigen. Beherrscht man diese Jagdmethode, dann kann man perfekt selektieren, kann man in kürzester Zeit die sinnstiftende Entnahme tätigen. Voraussetzung dafür ist aber, dass man über den Altersaufbau und über das Geschlechterverhältnis der zu bejagenden Rehwildpopulation möglichst genau Bescheid weiß.

Ideal ist es, wenn man die Blattjagd in das ohnehin ideale System der Intervalljagd integriert. Das Wild ist seit der Öffnung des Waldes für jedermann in beinahe allen Revieren großem Druck und großer Beunruhigung ausgesetzt. Wohin das führt, ist hinlänglich bekannt: Die Wiederkäuer bleiben da, wo sie sich sicher fühlen – und genau da wollen sie weder Jäger noch Waldbesitzer haben. Sie stecken in den Dickungen und verlassen sie im schlimmsten Fall gar nicht oder kaum mehr. Ihr gesamter Lebenszyklus findet dann dort statt, insbesondere die Äsungsaufnahme. Das Reh, das als Konzentratselektierer eine große Bandbreite an Äsungspflanzen benötigt, wird kümmern und sich das in den Pansen hauen, was ihm direkt in den Äser wächst: Knospen und Triebe, denn die Kräuter und Gräser, die es sonst bräuchte, die findet es in der lichtarmen Dickung nicht. Allenfalls Brom- und Himbeere sind noch da, ansonsten halt junge Bäume.

Nun können wir als Jäger den Öffentlichkeitsdruck durch Erholungsuchende kaum mindern und allenfalls Aufklärungsarbeit leisten, in der Hoffnung, dass das etwas fruchtet. Aber wir können den Jagddruck so niedrig wie möglich halten. Wenn es das ganze Jahr über frühmorgens wie spätabends nach Mensch stinkt und dann auch noch an jeder Ecke knallt, weil der Jäger in seiner Not auf jedes Stück Rehwild krumm macht, damit er seinen Abschussplan erfüllt,

Wer den Jahrlingsabschuss früh erledigt, mindert den Jagddruck.

dann bringt das weder Wild noch Wald irgendetwas Gutes. Wenn man aber den Jahrlingsabschuss in einer Woche oder zehn Tagen zu Beginn der Schusszeit erledigt und dann bis zur Brunft und anschließenden Blattzeit möglichst kein Schuss mehr fällt, dann kann man in den ein oder zwei Blattwochen die Ernte in Mittel- und Altersklasse einfahren.

Damit die Blattjagd funktioniert, muss das Geschlechterverhältnis Gaiss zu Bock passen: Oft ist vom Verhältnis 1 : 1 die Rede. Nun wird das nie eindeutig feststellbar und damit auch nie nachweislich erreichbar sein. Es geht darum, dass das Verhältnis zwischen Böcken und Gaissen halbwegs ausgewogen ist. Sind deutlich mehr Gaissen als Böcke da, wird es schwierig. Denn kaum ist der Bock mit der einen Gaiss fertig, steht schon die nächste bereit. An der Dame hängen dann aber vielleicht schon andere Verehrer, die erst einmal verjagt und weggekämpft werden müssen. Das artet dann schon in Stress aus. Das ist vor allem der Gesundheit des gesamten Bestandes abträglich, zum anderen mindert es den Blatterfolg: Vor allem die ganz jungen Böcke, die sonst wenig zum Zug kommen, werden springen. Deren Abschuss sollte aber eigentlich bereits im Frühjahr getätigt sein. Wer das System der Intervalljagd anwendet, sollte im Frühjahr darauf achten, genug, aber nicht zu viele Schmalgaissen für die Brunft übrig zu lassen. Sie sind die erste „Anlaufstelle" für ältere Böcke. Das ist ähnlich wie beim Menschen, wo sich die älteren Herren ja auch lieber mit „jungem Gemüse" abgeben.

Sind deutlich mehr Böcke als Gaissen da, dann werden wiederum im Wesentlichen eher die schwachen subadulten Böcke zustehen, die älteren Erntebböcke bekommt man dann eher auf dem Ansitz, gelegentlich mag einer aus Eifersucht springen. Das Blatten wird zwar Anblick, aber nicht unbedingt den gewünschten Erfolg bringen. Zudem sind in einer solchen Situation zahlreiche Kämpfe und „Verscheuch-Jagden" über längere Distanzen programmiert, auch das ist nicht ideal.

Bei ausgewogenem Geschlechterverhältnis gestaltet sich die Sache dann deutlich einfacher. Der Bock, der mit der Gaiss fertig ist, muss suchen, die Gaiss – die ja die gesamte Brunft bestimmt – wird ebenfalls suchen. Es ist mehr Bewegung im Revier, man bekommt mehr Wild in Anblick, am Blattstand wird es eher Erfolg geben.

Als ich vor 15 Jahren ein Revier in England zum Aufbau übernahm, war das Geschlechterverhältnis in übelstem Ungleichgewicht: Über Jahre hinweg waren nur Böcke geschossen worden, die Gaissen blieben unbejagt. Auf einen Bock kamen 5–7 Gaissen! Die Wildbretgewichte lagen bei adulten Böcken im Schnitt bei 18 kg, die der Jahrlinge bei 13 kg. Wer das britische Rehwild kennt, weiß dass das fast Kümmererwerte sind. Erst nach massivem Eingriff ins weibliche Wild über drei Jahre hinweg kam es zu regelmäßigen Blatterfolgen, die Wildbretgewichte, die Körpermaße und die Gesamtqualität des Bestandes stiegen deutlich an. Das Blatten gestaltete sich am Anfang so, dass man sich an eine hochbewachsene Wiese stellte und ein paar Fieper tat. Daraufhin schossen mehrere Bockhäupter hoch, das war aber alles „Geraffel". Die durchaus vorhandenen besseren Böcke kamen in der Blattzeit so gut wie nie in Anblick. Erst als das Geschlechterverhältnis balanciert war, sprangen auch die guten Ernteböcke mit gewisser Regelmäßigkeit und wurden erlegt. Musste anfänglich der Abschuss über mehrere Wochen hinweg getätigt werden, reichen inzwischen 10 Tage im Mai und 10 Tage in der Blattzeit, um die geplante Entnahme an Böcken zu vollziehen. Gaissen wurden anfangs auf jährlich, später auf alle zwei Jahre abgehaltenen Riegeln erlegt. Heute erfolgt die Einzelentnahme zwischen ca. Mitte November und Mitte Dezember. Ansonsten herrscht Ruhe.

Ein Wort noch zur Altersstruktur: Auch die hat gewisse Auswirkungen auf den Erfolg bei der Blattjagd. Ist die Alterspyramide an der Basis zu breit, sind also zu viele Junge da, dann wird man kaum einmal einen alten Bock aufs Blatt bekommen. Der reife Bock wird schon ab Mitte Brunft kaum mehr interessiert sein, weil er beständig damit beschäftigt ist, junge Nebenbuhler wegzustampern. Man kennt das vielleicht: Egal an welchem Blattstand man auch Anblick hat, immer sind es Jahrlinge oder junge Böcke, die springen. Da ist die Altersstruktur aus der Balance. Da, wo die Altersstruktur stimmig werden soll oder schon ist, erledigt man seinen Jahrlingsabschuss am besten im Frühjahr (was ohnehin am sinnvollsten ist), denn in der Brunft werden junge Böcke eher weniger springen – meist aus Angst vor „Watschen“.

Der Wildstand und das Geschlechterverhältnis haben somit deutlichen Einfluss auf die Ortswahl: Ein sehr hoher Wildstand lässt die Reviere der einzelnen Individuen kleiner werden, man blattet daher auch kleinräumiger. Aufgrund hoher Wilddichte oder unausbalanciertem Geschlechterverhältnis muss mit mehreren springenden Rehen am Stand gerechnet werden. Gaissen springen dann ebenso auf den Ruf, nicht nur auf den Kitzruf. Die Gaiss ist mindestens so territorial wie der Bock, wenn nicht sogar mehr. Sie schaut durchaus auch nach, wer sich bei ihr „herumtreibt“ (ganz besonders gilt das für die alte Geltgaiss, die wie eine übellaunige Hausbesorgerin sofort ihre Nase herausstreckt, wenn jemand durchs Treppenhaus geht). Daher sollte man in solchen Fällen einen Stand wählen, der Überblick in mehrere Richtungen bietet, gegebenenfalls sogar zu zweit blatten, damit das ganze Umfeld des Standes eingesehen und bejagt werden kann.

Oben oder unten?

Häufig wird die Frage gestellt, ob man besser vom Hochstand oder vom Boden aus blattet. Nach meiner Erfahrung macht das für das reine Springen wenig Unterschied, dennoch bevorzuge ich besonders für die Jagd in mäßig steilem oder schwach kupiertem Gelände Blattstände am Boden. Zum einen bin ich in der genauen Wahl meines Standortes freier, zum anderen sind Hochstände in der Regel nicht vorrangig an den Erfordernissen eines Blattstandes orientiert.

Ein zu nah springender Bock muss nach oben äugen und weiß aus Erfahrung, dass Gaissen selten auf Bäumen sitzen.

Sie stehen gern so, dass der Blick eher in die Weite als auf das unmittelbare Umfeld gerichtet ist. Sie sind nicht notwendigerweise in Nähe von Dickung oder Einstand, sondern eher an Äsungsflächen platziert. Zudem stehen sie fast immer auf Blößen, und da ja bereits gesagt wurde, dass man den Bock vom Hellen ins Dunkle holen sollte und nicht umgekehrt, sind sie für die Blattjagd zweite Wahl. Der Bock wird möglicherweise in der Dickung an den Rand heran-, aber nicht heraustreten, und da, wo er dann steht, kann ich ihn wegen Bewuchs und Blickwinkel nicht sehen, geschweige denn beschießen. Rehläufe, die hinter Fichtengrün hervorschimmern sind zwar optisch durchaus reizvoll, aber nicht das, was man beim Blatten sehen möchte.

Sollte der Bock dennoch beschießbar auftauchen, steht er beim Blatten oft recht nah. Der steile Schuss nach unten hat seine Tücken, die nicht jeder kennt und die im Eifer des Gefechts gern vergessen werden. Dann sind Fehlschüsse oder – schlimmer noch – Streif- oder Laufschüsse mit üblen, wenig Erfolg versprechenden Nachsuchen das Ergebnis. In der Sommerhitze und mit den zahlreichen Insekten des Hochsommers sind vermeidbare Leiden fürs Wild programmiert. Auch daher: lieber vom Boden als vom Hochsitz aus.

In kupiertem oder steilem Gelände sieht das anders aus: Eine Kanzel am steilen Schlag im Gebirge, der links und rechts von Hochwald gesäumt ist, kann durchaus Erfolg versprechend für die Blattjagd sein. Das Wild ist beim Anwechseln schon zu sehen und ermöglicht uns, den Ruf entsprechend einzusetzen. Zudem gibt der Hochstand Einblick in Blößen, die man vom Boden aus nicht sieht.

Was ich tunlichst zu vermeiden suche: das Blatten aus „Sauentürmen“ oder geschlossenen Kanzeln heraus. Man blattet ja so, wie die Gaiss ruft. Die plärrt auch nicht stur in eine Richtung, sondern bewegt sich. Das muss der Blattjäger nachahmen. Wenn ich aber nur ein Fenster nach vorne und vielleicht noch zwei kleine Schießscharten nach links, rechts und hinten habe, dann gibt das üble Verrenkungen. Zudem macht man durch das Herumrutschen auf dem Sitzbrett Krach und die Hohlkörperkonstruktion solcher Kanzeln wirkt als verstärkender Resonanzkörper. Zudem glaube ich, dass durch die geschlossene Kanzel der Ton verfälscht wird, wenn ich mich nicht weit aus dem Fenster lehne.

„Sauentürme" sind nicht der richtige Ort zum Blatten.

Wenn aus irgendwelchen Gründen vom Stand aus geblattet werden muss, dann sind die typischen, niedrigen und offenen Drückjagdstände eine gute Sache: Sie sind von ihrer Stellung her öfter im Bestand und fast immer in Dickungs- respektive Einstandsnähe aufgestellt, man hat von ihnen aus ungestörten Rundblick, der Schusswinkel ist flacher, berücksichtigt aber dennoch Kugelfang. Für die Blattzeit müssen sie natürlich entsprechend vorbereitet, also freigeschnitten, instand gesetzt etc. werden.

Ansonsten gebe ich dem Blatten vom Boden aus immer den Vorzug. Ich bin freier in der Platzwahl, ich kann mir metergenau aussuchen, wo ich stehen will. Dazu später mehr im V. Kapitel. Einen Grund gibt es noch, der mich ebenfalls eher am Boden hält – auch wenn dieser Grund nicht unbedingt jagdpraktischer Natur ist: Ich fühle mich meiner Beute näher, bin mit dem Bock sozusagen „auf Augenhöhe“. Ich finde das fairer, jagdlich anspruchsvoller und natürlicher.

Hausfriedensbruch

Gelegentlich blatte ich direkt im Einstand des Bockes. Wo der ist, das verraten ja Plätz- und Fegestellen sehr genau. Kommt man auf einem Blattgang an solche, dann reicht aber eine nicht aus, um den Einstand zu wissen. Angenehmerweise liegen solche Reviermarkierungen aber in recht regelmäßigen Abständen voneinander, und mit ein wenig Geschick hat man drei oder vier davon gefunden und weiß nun recht genau, wo der Verursacher steckt. Mit etwas Erfahrung kann man daran sogar ablesen, was für ein Bock sie verursacht hat: Ältere Böcke plätzen und fegen meist verhaltener als jüngere, stärkere Böcke suchen sich für ihr Brunftfegen gern stärkere „Gegner“, also Stämme aus. Aber: Diese Zeichen zeigen das Revier eines Bockes, nicht seinen Einstand. Sie sind sozusagen sein Gartenzaun, nicht die Wände seines Wohn- respektive Schlafzimmers. Wo das liegt oder liegen könnte, dieses Wissen muss ich aus meiner Revierkenntnis holen. Setzen wir voraus, dass dieses Wissen vorhanden ist und dass die Pürschzeichen die Anwesenheit eines Bockes verraten, den man sich „genauer anschauen“ möchte.

Die vorher genannten Regeln gelten weiterhin. Man kann sich nun an den eben bezeichneten Gartenzaun stellen und dort den Ruf ausüben. Das mag gut funktionieren. Es ist aber wahrscheinlich sinnvoller, dem Bock bewusst nahezutreten, ihm bewusst auf die Nerven zu gehen, ihn bewusst in seinem eigenen Sanctissimum herauszufordern. Sprich: In einer solchen Situation kann das Blatten direkt im oder nahe am Einstand spannend und erfolgreich sein. Dazu sind aber bestimmte Punkte zu beachten.

- Es wird schnell gehen müssen mit Ansprechen und Schuss. Wir reden also von keiner Situation für Anfänger, sondern für Kenner und Könner. Da der Schuss auf recht kurze Distanz erfolgt, verschwindet das Zielfernrohr besser in der Jackentasche, der Schuss erfolgt über die offene Visierung. Die Waffe sollte mit Beginn des Blattens im Halbanschlag oder besser noch direkt in der Schulter sein. Der Lauf ruht auf einem Ast des Baumes oder Strauches, hinter dem man lauert.

- Der Stand muss Gelegenheit zum Schuss bieten. Rückegassen, Schneisen, Blößen sind hier wichtig. Das Reh liebt Grenzlinien und folgt ihnen in fast allen Situationen. Daher wählt man seine Position entsprechend. Aber die Richtung, in die man blickt, ist nicht unbedingt auch die Richtung, aus der der Bock anwechselt. Daher sollte man für das Blatten im Einstand seinen Stand so wählen, dass man zwischen zwei möglichst nah aneinanderstehenden Bäumen positioniert ist, dass man sich gedeckt umdrehen kann. Geht das nicht, dann benutzt man eine Zielhilfe: Ein Dreibein steht dann hinter einem. Schießt man über Bergstecken oder Zweibein, dann richtet man sich damit in die zu erwartende Schussrichtung, der Baum, der dann hinter dem Schützen steht, ist somit die sekundäre Zielhilfe.

- Deckung ist unumgänglich. Baum oder Busch sollten vor einem stehen, die Kleidung muss dem Gelände angepasst sein. So sehr ich auch – letztlich der Eitelkeit wegen – Loden und Tweed schätze: Beim engräumigen

Blatten im Bestand trage ich zumindest eine Tarnjacke, wenn nicht sogar Volltarnung, auch und ganz besonders auf Händen und Gesicht.

- Beim kleinsten Zweifel an der Richtigkeit oder Sicherheit des Schusses hat der Finger gerade zu bleiben! Zuallererst jagen wir nicht, um irgendetwas, sondern um das richtige Stück zu erlegen. Und frei durch das Land pfeifende Kugeln sind grundsätzlich zu vermeiden.

- Nicht nur der Hausherr, sondern auch die „Hausfreunde“ können springen. Ich muss also darauf gefasst sein, dass ich es möglicherweise mit mehreren Böcken zu tun bekomme. Der Platzbock springt nicht immer zuerst, durchaus können die Rivalen es eiliger haben. Dann muss man blitzschnell ansprechen und entscheiden, ob man schießt, ob man weiter blattet oder ob man regungslos verschweigt, weil ein guter und zu junger Bock vor einem steht.

Noch einmal: Der „Hausfriedensbruch“ ist keine Sache für Anfänger oder Schusshitzige. Das ist etwas für besonnene und erfahrene Jäger.

Zusammenfassung „Wo?“

- Dort blatten, wo Wild zu erwarten ist.
- Das Wild vom Hellen ins Dunkle locken, nicht umgekehrt.
- Windrichtung beachten.
- Bodenbelag beachten.
- Ausschuss und Kugelfang sind unverzichtbar.
- Blatten im Einstand ist Spezialistenarbeit.
- Lieber vom Boden als vom Hochstand aus rufen.
- Nicht aus geschlossenen Kanzeln und „Sauentürmen“ blatten.

SÄULE II: DIE RECHTE ZEIT

Die Tageszeit

Sind wir Bocknarren außerhalb des Rehrufs auf die frühen Morgen- und Abendstunden angewiesen, so ist eine der Schönheiten der Blattjagd, dass sie nicht von Tageszeiten abhängt – wobei allerdings eine Einschränkung zu treffen ist: Jagt man im überlaufenen Stadtrandrevier oder im Naherholungsgebiet, wo mit dem ersten Licht Gassigeher, Jogger und andere Zweibeiner anwechseln und wo es tagsüber von Erholungsuchenden wimmelt, dann wird man halt doch wieder vor dem ersten Licht auf dem Stand hocken oder sein Glück im Abenddämmer versuchen müssen. Ansonsten hat man recht freie Wahl. Zwar werden viele nun sagen, dass es halt in der Früh und am Abend am besten sei, aber das liegt wohl vor allem daran, dass die meisten Jäger es zu anderen Tageszeiten gar nicht erst versuchen, sei es aus Gewohnheit oder aus anderen Sachzwängen heraus.

Dieser Trott beraubt den Jäger aber vieler ungemein reizvoller Gelegenheiten. So ist beispielsweise die Faulpürsch am mittleren Vormittag, nach Frühstück und eventuellem Kirchgang zu jeder Jahreszeit eine sinnvolle Sache. Unser Rehwild muss sich halt alle paar Stunden den Pansen vollhauen. Der Rhythmus nach dem es das tut, scheint je nach politischer Ecke des Jagdherrn variabel zu sein. Der naturnahe (und möglichst wildfreie) Waldbauer sagt: „Alle drei Stunden brauchen die Biester was." Klar: Da will einer seine fallweise vom Steuerzahler sauer berappten Forstpflanzen schützen, fürchtet den gigantischen Appetit des „kleinen braunen Knospenfressers" und wähnt das Wild andauernd im Wald und dort auf gefräßigen Abwegen. Ein anderer, der sich nur dann im Revier wohlfühlt, wenn er keine drei Schritt machen kann, ohne mindestens vier Rehe zu sehen, der sagt: „Alle acht Stunden sind sie unterwegs", und hofft mit dieser Dummheit dafür sorgen zu können, dass sich niemand in den Wald begibt und ihm seine Stück für Stück persönlich und mit Namen bekannten Rehe stört. Richtig ist freilich das eine so wenig wie das andere. Generell kann man sagen, dass Rehwild alle vier bis sechs Stunden frische Äsung braucht.

Je nach Vitalität des Gesamtbestandes, Qualität bzw. Verteilung der Äsung im Revier und nach Jahreszeit variiert der Äsungsrhythmus des Rehwildes: Kurz nach Ende des Stoffwechseltiefs, wenn die letzten Fettreserven aufgebraucht sind und die erste frische Grünäsung sprießt, ist der Äsungsrhythmus deutlich höher als im Hochsommer. Da, wo kaum gute Äsung zu finden ist, wird das Wild häufiger und weiträumiger auf den Läufen sein als in Revieren mit reichem Angebot. Ähnliche Unterschiede wird man erkennen, wenn man ein Revier mit einem stabilen, gut aufgebauten und gesunden Bestand mit einem solchen vergleicht, in dem das Rehwild aufgrund schlechter Bedingungen – seien sie menschengemacht oder natürlicher Ursache – zu kämpfen hat.

Nun geht es in diesem Buch aber um die Blattzeit, und da ist nicht wie sonst der Bauch Herr aller Dinge. Die Rehe sind jetzt aus anderen Gründen unterwegs, und die dienen weniger der Erhaltung des Individuums als vielmehr der gesamten Art. Der Äsungsrhythmus ist jetzt nicht mehr das alles entscheidende Kriterium für Anblick und damit eventuellen Jagderfolg. Jetzt gilt es eher das Wild dann anzutreffen, wenn es auf den Läufen ist. Und das kann es zu jedem Moment des Tages sein.

Man kann sich da freilich leicht irremachen lassen: Wenn man jetzt eine Gaiss gemütlich auf der Wiese stehen und äsen sieht, dann heißt das gar nichts und weniger. Sehr wahrscheinlich hat sie ihren Bock bereits hinter sich, hat aufgenommen und nimmt an der Brunft nicht mehr teil. Da kann man drum herum ganze Sonaten auf dem Blatter spielen, passieren wird nichts allzu Aufregendes. In der Blattzeit bedeutet leichter Anblick nicht gleich leichter Jagderfolg. Jetzt zählen andere Kriterien, und wenn es um die Frage der rechten Zeit zum Blatten geht, kann ich aus meiner Erfahrung nur sagen: Es gibt sie nicht, weil rein nach der Uhr eine jede Zeit des Tages recht zum Blatten ist.

Geht in der Früh nichts, dann mag um Elf des Vormittags Hochbetrieb sein oder um die Mittagsstunde oder am Nachmittag. Blattjagd ist Ganztagsjagd. Und auch wenn aufs Blatt gar nichts springt, sollte man eins keinesfalls außer Acht lassen: den „Abstaubererfolg“. Oft bin ich an den gewissen stillen

Das weibliche Geschlecht bleibt auch in der Brunft aufmerksam.

Tagen, die es in jeder Blattzeit gibt und an denen die Gäste frenetisch ihren Böcken hinterherpürschten, gemütlich auf einem Hochstand gesessen und habe Erfolg gehabt, indem ich einen passenden Bock, der gemütlich daherzog, eben „abstaubte". Nur: So ein Abstauberbock lässt sich nicht ohne Weiteres antreffen. Da müssen schon einige Faktoren zusammenkommen, und ein recht wichtiger davon soll jetzt behandelt werden.

Das Wetter

Zu kaum einer anderen Jahreszeit beobachte ich den Wetterbericht so häufig und eingehend wie im Vorfeld und besonders während der Rehbrunft. Dabei ist mir weniger wichtig, ob es regnet oder die Sonne scheint – das hat lediglich auf die Ausrüstung Einfluss. Mich interessiert eher die Temperatur, und da auch weniger die Höhe, sondern der Verlauf. Denn massive Temperaturumschwünge, vor allem Temperaturstürze um 10 oder mehr Grad, haben deutlich bremsenden, wenn nicht gar unterbrechenden Einfluss auf das Brunftgeschehen. Für deutliche Temperaturanstiege gilt Ähnliches, wenn auch nicht in gleichem Maß.

Der alte Spruch hat durchaus gewisse Gültigkeit: „Nun lieber Jäger, merke gut, und Weidmann, gib wohl acht: Den Bock verwirrt der Sonne Glut, den Hirsch die kalte Nacht." Das Rehwild mag es für die Brunft lieber warm als kalt. Wird es aber zu heiß, fällt kein Tau mehr, dann wird die Brunft flau. Man sollte nicht vergessen: Rehwild schöpft wenig, die meiste Feuchtigkeit wird mit der Äsung aufgenommen. Ist die ausgedörrt und liegt kein Tau mehr auf ihr, dann spart sich das Wild Anstrengungen, denn die Energie, die es für das Brunftgeschehen einsetzen muss, kann es kaum ersetzen: Die Flüssigkeit fehlt, mit der die Äsung aufgeschlossen werden kann. Auch wenn das Rehwild in der Hochbrunft – und an die schließt sich die Blattzeit bekanntlich an – deutlich weniger Äsung aufnimmt als sonst, bleibt diese Energiebalance so etwas wie eine Lebensmaxime des Wildes. Es wird sich in seinem Verhalten unweigerlich danach richten, denn das ist überlebenswichtig und genetisch

„… den Bock verwirrt der Sonne Glut …“

tief verankert. Scheint noch zur Blattzeit der Mond nachts hell, dann verlagert sich das Brunftgeschehen gern in die Nacht. Wir Jäger stehen dann morgens oder abends da und wundern uns, wo die ganzen Kitze des nächsten Frühjahrs hergekommen sind. Um Mittag herum hat man dann die besten Chancen.

Sollte es regnen, muss das nicht das Ende der Jagd sein, auch wenn es dauerhaft regnet. Anfangs geht das Wild in den Bestand, weil es da trockener ist. Rehe mögen es lieber trocken als nass. Hat es aber einmal durch das Kronendach durchgeregnet, dann ist das Wild wieder überall unterwegs. Dann gilt lediglich die Frage, was der Jäger aushalten kann.

Ein weiterer Grund, warum ich die Wetterberichte in den Tagen vor der Blattzeit sehr intensiv verfolge, ist die Sache mit dem Wind. Der ist ja bekanntlich das Um und Auf des Jagderfolges. Nun kann man die menschliche Wittrung – oder aus Sicht des Wildes besser: den menschlichen Gestank – inzwischen dank diverser Textilfabrikate und Kosmetika weitgehend ausschalten.

Wer das tun möchte, der mache das, es ist sicherlich eine sehr praktische Sache. Ich für meinen Teil finde dadurch aber das Handwerk geschmälert und offenbare mich darin gern als hoffnungslos altmodischen und vielleicht von der Zeit überholten Jäger: Ich könnte es sicher einfacher haben, aber ich habe es lieber, wenn ich persönliches Können einbringen muss. Die richtige Einschätzung des Windes gehört dazu. Weiter vorne habe ich es bereits angedeutet, dass ich für mein Revier eine Windkarte erstellt habe: Je nach Gelände, Witterungslage und Tageszeit kann der Wind aus der Hauptwindrichtung oder aus einer ganz anderen Ecke kommen. Je nach Luftdrucksituation kann es auf der Wiese anders sein als im Bestand, kann es im Hochwald anders sein als im Stangenholz. Es lohnt sich, im Jahresverlauf genaue Aufzeichnungen über jeden Pürschgang und Ansitz zu führen und dabei auch besonders Wetter und Windrichtung festzuhalten. Aus diesem Wissen wird man später schöpfen können, wenn man sich eine Revierecke zum Blatten aussuchen soll.

Für viele Jäger ist es aber sicherlich so, dass sie in der Blattzeit nicht oder nicht nur im eigenen, bekannten Revier jagen, sondern von Freunden eingeladen sind oder eine Jagdreise unternehmen. Dann muss man sich zuerst auf die Sach- und Situationskenntnis des Jagdherrn und/oder seiner Jagdführer verlassen. Nur: Manchmal legen diese eben weniger Wert auf die Beobachtung von Wetter und Wind. Über das Wetter und die Großwetterlage kann ich im Internet einiges herausfinden, besonders landwirtschaftliche Dienste bieten da sehr gute Informationen an. Was aber den Wind angeht, bietet eins der schönsten Kinderspielzeuge, die es je gab und wohl noch lang geben wird, ganz hervorragende Möglichkeiten: die Seifenblase. Im Jagdhandel, in dem heutzutage so viel Sinnvolles (und ebenso viel Sinnloses) angeboten wird, findet man als Windweiser die abenteuerlichsten Dinge: Talkumpuder in Sprühfläschchen, Federn auf Stecknadeln, elektronische Windstärken- und -richtungsmesser, aber die versagen alle in genau der Situation, in der wir Jäger hochsommers so gern verzweifeln: die Momente, in denen die Luft zu stehen scheint, aber sich halt doch ganz langsam bewegt.

An diesen im Wortsinn „zähen“ Tagen bewegt sich auch das Wild etwas langsamer. Aber wenn es halt direkt in meinen Abwind läuft, dann wird es sich

Steht die Luft scheinbar zäh still, bewegt sich auch das Wild weniger.

gewohnt schnell und unter Unmutsäußerung von dannen begeben. Mein für teures Geld erstandenes Windweisungsgerät hat keinen Luftzug festgestellt, aber da war er halt doch. Mein Pustefix-Fläschchen hingegen, für kleinen Euro im Spielwarenhandel gekauft und immer wieder am Spülbecken nachgefüllt, hätte mir durchaus gesagt, das da was weht und wohin. Und es hätte mir das nicht nur auf meinem exakten Standort verraten, sondern für einige und etwelche Meter darüber hinaus. Zudem hätte es mich für einen kurzen Moment wieder einen kleinen Buben sein lassen, der sich nicht um Steuererklärungen, Pachtverträge und Abschusslisten, sondern nur um einen Sommertag und seine Freude daran zu scheren hat. Für mich ist das Seifenblasenfläschchen ebenso wichtiger Bestandteil der Blattjagdtasche wie die Blatter selbst. Aber auch wenn die Windrichtung erkannt und festgestellt ist, darf man für die Rufjagd auf den roten Bock eines nie vergessen: Wenn er springt, dann springt er auch im Wind weiter, als er dort sonst je wechseln würde. Es gibt also auf dem Blattstand keine Blickrichtung, die man vernachlässigen darf.

Der Moment

Gerade um die Blattzeit herum stelle ich am häufigsten fest, wie gewaltig die Deprofessionalisierung unserer Jägerschaft ganz offensichtlich ist. Häufig erreichen mich schon in der letzten Juni-Dekade erste Nachrichten, dass man hätte Böcke treiben sehen, und da müsste doch eigentlich schon was gehen mit der Blatterei! Diese Nachrichten – und die unweigerlich im frühen April schon zugesandten Fotos von Böcken in Bast und Winterhaar verbunden mit der Frage nach dem Alter des abgelichteten Individuums – lassen mich mit einiger Regelmäßigkeit am Wissenstand unserer Jäger verzweifeln. Es ist schon bitter, wie viel die Jäger in der Breite über das Rehwild vergessen oder erst nie gelernt haben. Nun mag das manchem wenig gelten, gerade beim Rehwild. Ich frage mich aber immer wieder: Wie wollen wir als wissende und fähige Experten dastehen und unsere Jagd verteidigen, wenn wir elementare Dinge davon nicht mehr beherrschen?

Blattet man zu Beginn der Brunft, springen meist entweder juvenile oder subadulte Individuen.

Rehbrunft und Blattzeit sind zwar inhaltlich zusammenhängend, terminlich aber deutlich getrennt. Wann die Brunft eintritt, lässt sich mit einiger Sicherheit recht genau voraussagen: Dann, wenn die Gaiss brunftig wird, und das ist um die 60 Tage (Ellenberg sprach 1978 in seiner Stammhamer Untersuchung von 60–64[16]) nach dem Setztermin. Die Blattzeit ist damit auch mehr oder minder genau terminiert: Sie beginnt dann, wenn die meisten Gaissen des Reviers beschlagen sind, die Böcke aber noch „Bock" haben. Es ist grundsätzlich durchaus möglich, vor der Brunft Böcke aufs Blatt springen zu lassen. Es werden aber fast immer entweder juvenile oder subadulte Individuen sein, die reagieren. Und die Reagierenden werden fast immer die stärkeren Individuen der juvenilen und subadulten Klasse sein, mithin die, die man stehen lassen sollte. Wer um diese Zeit zu Beginn der Rehbrunft blattet, macht gleich zwei Fehler: Zum einen wird er hauptsächlich die Böcke erschießen, die etwas hätten bringen können, nämlich Stabilität und Stärke in der Population, und zum anderen wird er den Böcken, die er vielleicht hätte erlegen wollen, genau mitteilen: Hier lockt keine Gaiss, hier pfeift ein Mensch im Wald herum. Denn so perfekt man auch mit Buchen-, Flieder- und Lorbeerblatt oder mit Buttolo, Weißkirchen, Reitmayr oder Demmel es schafft, wie eine Gaiss zu klingen – riechen wie eine Gaiss wird man doch nie.

Die Treiberei in den Wiesen, die man in manchen Revieren Anfang Juli schon beobachten kann, ist im Wesentlichen ein Vorgeplänkel. Mag sein, dass eine starke Gaiss, die sehr früh gesetzt oder ihr Kitz früh verloren hat, schon in den Östrus getreten ist und nun Pheromone absondert. Sobald das geschieht, springen die Böcke im Umfeld dieser Gaiss darauf an und treten ihrerseits in die Brunft. Von der Blattzeit sind wir da aber noch um Einiges entfernt. Nach und nach treten mehr und mehr Gaissen in den Östrus, die Brunft läuft an und nähert sich – je nach Seehöhe, Klima und anderen Faktoren – in der dritten Juli-Dekade ihrem Höhepunkt. Da kann man allenthalben das Treiben sehen, sei es im Bestand, am Trauf oder mitten in der Wiese, und noch dazu zu allen Tageszeiten. Zu dieser Zeit sitzt man dann gern draußen und blattet sich die Seele aus dem Leibe, freilich mit nur dem Erfolg, dass man glaubt, den Ruf gänzlich verlernt zu haben. Das nenne ich die „toten Tage", an denen auf den

Stehen die Böcke bei den Gaissen, sind sie nur schwer dort wegzulocken.

Ruf nichts geht. Das ist weiter kein Wunder: Die Böcke stehen bei den Gaissen, sie sind von denen förmlich gefesselt, kein Ruf kann sie dort wegholen – zumal wir Menschen ja nur den Ruf nachahmen können. Mancher jagende Mensch mag wohl durch das Brunftgeschehen selbst so angeheizt werden, dass er selbst Pheromone abzusondern beginnt. Aber darauf fällt kein Bock herein, zumindest keiner der Gattung *Capreolus capreolus.* Dennoch ist dieser Moment wichtig und signifikant: Er markiert eine Zäsur in der Brunft.

Unmittelbar nach dieser Zäsur wird es richtig spannend, weil man jetzt recht genau beobachten kann, wer wie stark und wie dominant ist. Jetzt beginnen die Raufereien und die Liebeshändel beim Wild richtig, jetzt sieht man zu beinahe jeder Tageszeit Wild an allen Ecken, und da lohnt das Beobachten besonders. Blattzeit ist aber immer noch nicht, auch wenn sie unmittelbar bevorsteht.

Davor kommt aber noch eine kleine Pause, aus durchaus nachvollziehbaren Gründen: Die meisten Gaissen sind bedient, der Bock könnte jetzt der Ruhe pflegen in irgendeinem waldgrünen Appartement. Nur leider sind da diese Hormone, die den Rehbock eben noch nicht zur Ruhe kommen lassen. Da treibt es ihn herum im Wald, die Wechsel entlang, auf die Blößen hinaus und in die Wiesen, da bläht er den Windfang weit auf, stellt die Lauscher senkrecht und tatsächlich: Da hinten ruft eine. Nur: Das ist keine Gaiss, das ist dann der Jäger, wenn er denn die Zeichen richtig gelesen hat. Jetzt ist Blattzeit!

Dass diese Zeit aufgrund unterschiedlicher Faktoren variiert, das müsste eigentlich auf der Hand liegen: Wildstand und Geschlechterverhältnis sind für den Moment – oder besser Zeitraum – ebenso ausschlaggebend wie die Witterung im Frühjahr zum Setztermin oder das Wetter zu Beginn und im Verlauf der Brunft. Selbst die Mondphasen haben darauf einen gewissen Einfluss, ebenso die Region, in der man jagt, möglicherweise sogar der Revierteil, denn auch von einem Eck im Revier zum andern kann sich der Zeitpunkt verschieben. Die einzelnen Faktoren sollen nun näher behandelt werden.

Wildstand und Geschlechterverhältnis

Vor einigen Jahren hatte ich gelegentlich Ausgang in einem Revier in der Rheinebene. Es war die ortstypische Buchenkusselzucht, umgeben von vielen Mais- und wenigen Weizenfeldern, im gesamten Revier gab es nur zwei Wiesen. Die beiden Beständer hatten mich eindringlich gebeten, besonders beim Rehwildabschuss recht eifrig mitzutun, denn man hätte in dem Revier zwar nicht sonderlich viel Rehwild, aber an das, was da wäre, käme man so schlecht heran. Das stimmte nur zum Teil: Richtig war, dass die Bejagung des Rehwildes mehr dem Glück als dem Können des jeweiligen Jägers anheimgestellt war. In dem Buchendschungel war kaum ein Fleck Boden zu sehen, geschweige denn ein Reh. Pürschen war kaum möglich: Das Revier war topfeben und zudem am Rand einer größeren Stadt gelegen, sodass man jederzeit auf Erholungsuchende achten musste. Im Frühjahr war das Wild zwar an den Wegrändern zu sehen, wo es gierig das frische Grün äste, aber wegen der Beunruhigung durch morgendliche oder abendliche Spaziergänger, Reiter, Radler und andere ruhesuchende Ruhestörer trat es meist lang vor oder lang nach Büchsenlicht aus und wieder ein. Je dichter mit fortschreitendem Jahr die Blätterwände wurden, umso weniger Wild kam in Anblick. Ich hoffte daher auf die Blattzeit und hatte mir den ein oder anderen Fleck ausgesucht, der viel- oder zumindest versprechend schien.

Aber auch die Blattzeit brachte keinen wie auch immer gearteten Erfolg: Es war zwar Bewegung im Wald, aber die war so andauernd und so beständig, dass es völlig sinnlos war, da hineinzublatten. Oft war das Wild schon vertreten, bevor man noch so leise an den Blattstand gekommen war, weil einfach hinter jeder Ecke ein – meist schwaches – Stück stand. Wenn man dennoch ungehört herangekommen war, dann rauschten fast immer binnen kürzester Zeit ein, zwei und gelegentlich sogar mehr treibende Paare über die Pläne, auch am hohen Vormittag und in den Mittagsstunden, denn zu diesen Zeiten war ich bevorzugt unter der Woche draußen, denn da waren die Bewohner der Stadt am Arbeitsplatz, im Schwimmbad oder im Straßencafé, aber nicht im Wald. In diesem Revier stand schlicht und ergreifend zu viel Wild, um in der Blattzeit mit Erfolg und Sinn zu jagen. Nach etwas genauerem Nachfragen und nach Einblick in die Abschusslisten stellte sich heraus, dass die wenigen Rehe, die hier überhaupt erlegt wurden, im Wesentlichen bei der Drückjagd auf Sauen fielen.

Wenn der Wald randvoll mit Wild ist, dann ist bedeutend schlechter Blatten als in einem beinahe leeren Revier – im Gegenteil, dort sind die Chancen relativ gesehen fast höher, beim Rehruf zu Schuss zu kommen. Denn in übervölkerten Revieren treten sich die Böcke zu Beginn, im Zenit und zum Ende der Brunft gegenseitig so auf die Füße, dass es andauernd Händel setzt und meist ein sich freuender Dritter zum Zuge kommt. Ist der dann fertig mit der einen und sucht sich die nächste Gaiss, dann geht der Tanz von vorne los. Allenfalls kann man da mit dem später noch genauer zu behandelnden Eifersuchtsblatten etwas ausrichten. Aber diese Methode hat ihre Tücken und kann in solchen „Ballungszentren“ eigentlich nur zur Reduktion „nach Dr. Sensenschnitt“ angewandt werden.

Ebenso wichtig für ein erfolgreiches Blatten wie der Wildstand ist ein halbwegs balanciertes Geschlechterverhältnis. Als ich zu Beginn des Jahrtausends

Ein guter Wildstand und ein ausgewogenes Geschlechterverhältnis sind entscheidend für den Jagderfolg.

in ein englisches Revier geholt wurde, um dort die Jagd auf Rehwild aufzubauen, war das Blatten nur von wenig und zufälligem Erfolg gekrönt. Es gab wohl einige recht gute Böcke dort, aber in der Blattzeit sprang fast ausschließlich die Jugend, nur ganz gelegentlich und mit viel Glück sprang einmal ein guter Bock, aber fast immer weit weg von dem Platz, an dem man ihn kannte. Hier war der Grund der, dass in den Jahren ausschließlich Böcke erlegt worden waren, und davon auch nur gelegentlich einmal einer. Gaissen wurden bestenfalls dann erlegt, wenn ein Wilderer sich eine holte. Es gibt eine recht einfache und dennoch ausreichend genaue Methode, das Geschlechterverhältnis zu ermitteln: Jeder Jäger, der auf Pürsch oder Ansitz, egal zu welcher Jahreszeit, im Revier ist, hat anzugeben, was er an Böcken und Gaissen gesehen hat. Nach spätestens einer Saison weiß man dann recht genau, was Sache ist. In diesem Fall kamen anfangs auf einen Bock sechs Gaissen!

Dass da mit der Blattjagd nichts zu wollen ist, ist einleuchtend: Kaum hat ein Bock eine Gaiss bedient, steht schon die nächste paarungsbereit da, und hat der Bock diese Pflichten absolviert, steht Numero Drei parat. Der Bock steht quasi die gesamte Brunft über bei einer Gaiss. Der Moment, zu dem er sucht und nicht findet, mithin also am besten auf den Ruf reagiert, tritt eigentlich nicht ein. Wenn endlich die Gaissen sozusagen „auf natürlichem Wege“ aus der Brunft treten und den Östrus unbefruchtet beenden, sind die Böcke völlig ausgepumpt und haben nur noch Ruhe und Äsung im Sinn. Mit dem vorgetäuschten Versprechen von Liebesfreuden lockt man sie nicht mehr hinterm Ofen hervor.

Sollte das Geschlechterverhältnis umgekehrt sein, und erheblich mehr Böcke als Gaissen da sein (wiewohl ich mir ziemlich sicher bin, dass das deutlich seltener, wenn überhaupt einmal der Fall ist), wird ein ähnlicher Umstand eintreten: Was springt, ist das junge „Geraffel“, die reiferen Böcke werden bei den wenigen Gaissen stehen und am Ende der Brunft, also zur eigentlichen Blattzeit, ebenso ausgepumpt und wenig springfreudig sein. Das aber nicht, weil sie sich beim Lieben verausgabt haben, sondern dauernd damit beschäftigt waren, irgendwelche Nebenbuhler abzuschlagen.

Stehen die Gaissen Schlange, muss ein Bock nicht suchen und springt auch kaum einmal aufs Blatt.

Die hier geschilderten Fälle sind womöglich Extreme, und auch wenn ich diese Inhalte schon weiter vorn in diesem Buch gestreift habe, sind sie hier mit Absicht noch einmal genauer erwähnt. Wildstand und Geschlechterverhältnis sind die grundlegenden Faktoren, die über Erfolg oder Misserfolg der Blattjagd entscheiden. Die richtige Höhe des Wildstandes kann und will ich nicht quantifizieren, da sie zu sehr von den Reviergegebenheiten abhängig ist und vor diesem Hintergrund eine ganz erhebliche Schwankungsbreite besitzt. Zum Geschlechterverhältnis glaube ich aufgrund meiner Erfahrung sagen zu können: Was sich mit ± 50 % um 1 : 1 oder 2 : 1 herumbewegt, lässt beim Blatten berechtigte Hoffnung auf Erfolg zu.

Zur Wahl des richtigen Zeitpunkts im Hochsommer kann man Folgendes sagen:

- Sehr hoher Wildstand: Wenn es überhaupt Blatterfolg gibt, dann ganz zu Anfang der Brunft, wenn nur einige wenige Gaissen brunftig sind.

- Sehr niedriger Wildstand: Blatterfolge können die gesamte Brunft über geschehen, sind aber eher zufällig, wenn man eben den Dusel hat, in Hörweite eines der wenigen Böcke zu blatten.
- Deutlicher Gaissenüberhang: Ganz zu Anfang der Brunft, ganz zu Ende der Brunft können eventuell ältere Böcke springen. Jahrlinge springen die gesamte Zeit über, subadulte Böcke gegen Brunftende hin, aber meist zögerlich.
- Deutlicher Bocküberhang: Ältere, stärkere Böcke werden zu Beginn der Brunft kaum zustehen, die bekommt man da eher beim Umherziehen. Am Brunftende und zur eigentlichen Blattzeit sind sie dann meist zu müde und weitab ihrer eigentlichen Einstände. Jahrlinge und subadulte Böcke können jederzeit springen.
- Normaler Wildstand und ausbalanciertes Geschlechterverhältnis: Die besten Aussichten auf Erfolge bei Ernteböcken bestehen zur Hauptblattzeit, Jahrlinge und subadulte Böcke springen eher zum Beginn und in geringerem Maß am Ende der Brunft.

Wie immer beim Rehwild gilt auch hier: Das sind keine in Erz gegossene Gesetze, aber doch recht brauchbare Faustregeln, mit all den Ausnahmen, die eine Regel nun einmal zur Bestätigung braucht.

Frühjahrswitterung

Der Eisprung und damit die Brunftigkeit der Gaiss setzt 60–64 Tage nach dem Setztermin ein. Die Gaiss kann aber die Dauer ihrer Trächtigkeit, ergo den Setztermin, in gewissem Maß selbst steuern und bestimmen. Harte und lange Winter kombiniert mit nassen und kalten Frühlingen lassen die Vegetation später aufkommen. Die Gaiss, die viel Energie zur Milchproduktion aufwenden muss, muss sich diese Energie ja irgendwie zuführen, und zwar über energiereiche Äsung. Schwankungen des Setztermins um 10 bis 14 Tage sind wissenschaftlich belegt. Wer sich also wie jedes Jahr sagen wir die letzten drei Juli- und die ersten drei Augusttage für die Blattzeit freigenommen hat und

60–64 Tage nach dem Setztermin werden die Gaissen wieder brunftig.

erleben muss, das diesmal aber auch gar nichts geht, und dem die später ins Revier gekommenen Freunde berichten, dass in den Tagen danach die Böcke sprangen wie im Lehrbuch, der wird womöglich beim Blick in die hoffentlich vorhandenen Wetteraufzeichnungen einen Eintrag finden: „nicht enden wollender Winter"!

Wetter in Brunft und Blattzeit

„Wie, das ist wurscht. Hauptsach' EIN Wetter!" Diesen weisen Spruch eines alten Berufsjägers habe ich immer wieder bestätigt gefunden. Ob es jetzt zu Brunft und Blattzeit relativ kalt, heiß, trocken oder nass ist, das bleibt letztlich egal. Die Natur bricht sich immer ihre Bahn, und der Jagderfolg ist in diesem Punkt eigentlich nur von der jeweiligen Duldungswilligkeit des Jägers gegenüber dem Wetter abhängig. Was aber eine Brunft unterbrechen, eine Blattzeit

Eine beständige Wetterlage ist entscheidend für den Erfolg des Blattens.

verschieben und damit den Erfolg erschweren kann, das sind plötzliche und anhaltende Wetterumschwünge.

Vor einigen Jahren hatte mich ein Freund meiner Eltern zur Blattzeit in seine Reviere am Niederrhein gebeten. Es war ein glühend heißer, drückend schwüler Sommer. Als ich im Revier ankam und beim Berufsjäger vorstellig wurde, teilte er mir mit, dass die Brunft zwar noch im Gange sei, sich aber dem Ende zuneigte. Die Reviergänge zeigten das auch deutlich: Die Fege- und Plätzstellen waren schon relativ alt, frische zeigten sich kaum noch, gleiches galt für die Hexenringe. Die Böcke sprangen zwar, aber meist nur junge, und die recht zäh – das war der schweren Hitze geschuldet. Wir befanden uns ganz offenbar in den „toten Tagen“, in denen die Brunft ihren Höhepunkt eben überschritten hat und das Gros der Böcke bei den Gaissen steht. Das war auch gut zu beobachten: Wann immer wir eine Gaiss sahen, stand ein Bock bei ihr oder trieb sie. Am dritten Tag meines Aufenthaltes begannen die Böcke dann am Abend perfekt zu springen. In der Nacht brach das Wetter, es regnete wie aus Eimern und das Thermometer fiel um zehn Grad. So blieb es dann für weitere acht Tage. In dieser Blattzeit sprang kein einziger Bock mehr, weder mir noch den nachfolgenden Gästen, noch dem Jagdherrn selbst.

Plötzlich auftretende, massive Wetterumschwünge können die Brunft unterbrechen und um einige Tage hinauszögern. Sind sie dann aber anhaltend und treten sie gegen Ende der Brunft auf, dann können sie eine Blattzeit schlichtweg kaputt machen.

Der Mond

Der Vollmond ist etwas wunderbar Romantisches, wie er die Welt des Nachts blau und silbern färbt. In der Blattzeit mag ich ihn nicht leiden, ganz besonders in den eigentlich Erfolg versprechenden schwülheißen Hundstagsommern. Denn wenn es tagsüber bleiern drückt und heiß herunterbrennt, wenn die Nächte kühl und klar sind, wenn dann auch noch ein voller Mond unverhangen am Firmament steht und alles wunderbar ausleuchtet, dann findet der Brunftbetrieb gern einmal größtenteils nachts statt, weil es da schlicht weniger kräfteraubend ist. Wenn dann der Jäger am Ende der Brunft bei gleichbleibendem Wetter und immer noch taghellen Nächten meint, tagsüber blatten zu müssen, fällt kaum ein Bock darauf herein. In den hohen Tagen der Brunft lohnt sich aber durchaus die Blaserei am hellen Mittag im Wald und an schattigeren Ecken!

Die Region

Was den richtigen Moment in diesen wenigen Wochen zwischen Juli und August betrifft, so ist er auch von Region zu Region unterschiedlich. Die Faustregel, dass in der Ebene alles etwas früher und, je höher man ins Gebirge kommt, alles etwas später eintritt, trifft zu, weil im Flachland die Vegetation im Frühjahr früher aufkommt als im Gebirge. Ebenso gilt das – zumindest in Deutschland – für den Verlauf von Südwest nach Nordost. Fazit: Da, wo es früher warm wird, findet auch die Brunft und damit die Blattzeit früher statt.

Man sieht also, dass der rechte Moment der Blattzeit von einer Vielzahl von Faktoren abhängig ist. Im eigenen Revier wird man die recht genau kennen, aber ganz genau nur selten. Und ist man als Blattgast irgendwohin eingeladen, dann ist man im Wesentlichen auf die Fähigkeiten und Kenntnisse der gastgebenden Jäger angewiesen. In den Mayr-Melnhofschen Gebirgsrevieren in den österreichischen Alpen wurde für die Jahre 1908 bis 1951 eine Statistik geführt, an welchen Tagen der Blattzeit die meisten Böcke erlegt wurden. Philipp Graf Meran erwähnt sie in seinem Buch „Der Rehruf“[17]. Auch wenn nur wenige die Möglichkeit haben, Reviere so lange bejagen zu können, und nicht alle, die das können, so genaue Aufzeichnungen führen, so macht es doch Sinn, zumindest im eigenen Jagdtagebuch eine regelmäßige und genaue Statistik zu führen. Sie kann wertvolle Aufschlüsse darüber geben, wann das Blatten Erfolg haben könnte.

Zusammenfassung „Wann?“

- Blattjagd ist Ganztagesjagd. Früh- und Spätpürsch sind nicht alles.
- Schwül ist gut. Aber fällt kein Tau, wird die Brunft flau.
- Windrichtung beachten, die kann sich bei Drucklagen kleinsträumig ändern.
- Regen muss nicht das Ende der Jagd bedeuten.
- Bei Vollmond hat man mittags die besten Chancen.
- Der Setztermin bestimmt den Brunftbeginn.
- Nach den „toten Tagen“ geht es richtig los.
- Wildstand und Geschlechterverhältnis sind grundlegende Faktoren.
- Kurze Wetterumschwünge verzögern, anhaltende beenden die Blattzeit.
- Im Flachland beginnt die Blattzeit früher als im Gebirge.

SÄULE III: DIE RECHTE ART

Die Laute

In den Untiefen meiner Schreibzimmerkommode findet sich ein hübsches Sammelsurium von Tonbändern, Musikkassetten und CDs. Darauf sind Tonaufnahmen einiger großer Könner und Experten der Blattjagd und ganz besonders die Aufnahmen von Herstellern diverser Blattinstrumente. Nun ist es völlig nachvollziehbar, dass jemand, der seinen Lebensunterhalt aus der Herstellung von Wildlockern bestreitet, dem Käufer den richtigen Gebrauch nahezubringen sucht. Es ist ebenso verständlich, dass er sein Instrument als das Nonplusultra im jeweiligen Angebotssektor darstellen wird – und dazu gehört ganz natürlich auch, dass man dem Kunden die dem feilgebotenen Instrument zu entlockenden Töne auch meisterlich vormacht. Ich habe mir gelegentlich den Spaß gemacht, diese aus Deutschland, Österreich, der Schweiz, Norwegen, Frankreich und England stammenden Tondokumente einmal genau durchzuhören und die jeweiligen vorgemachten Blattjagdlaute zu vergleichen. Im Großen und Ganzen lässt sich – rein aus dieser Betrachtung heraus! – sagen: Auf dem europäischen Kontinent hören sich die diversen Laut-Klassen der Blattjagd für alle menschlichen Ohren mehr oder minder gleich an. Ein französischer Schulbuch-Kitzfiep unterscheidet sich nicht wesentlich von einem österreichischen, der Sprenglaut in Norwegen klingt mehr oder minder genauso wie der in England. Beim Großen Geschrei gibt es schon deutlichere Unterschiede, aber die sind meines Erachtens weniger regionaler denn empirischer Natur. Speziell bei dem, was ich die „Großen Rufe“ nenne, nämlich Sprengfiep, Geschrei und Kitz-Angstgeschrei, sind wir jagenden Menschen oft zu „mutlos“, zu „scheu“.

Es lohnt sich daher ungemein, in den Hochzeiten der Brunft, also deutlich vor Beginn der eigentlichen Blattzeit sehr fleißig hinauszugehen und die Ohren ganz weit aufzumachen. Man wird dabei vor allem eins merken: Die Gaiss hält sich in ihren Lautäußerungen deutlich weniger zurück als der Mensch.

Gaissen geben weit weniger verhaltene Lautäußerungen von sich als die meisten Blattenden.

Uns ist zumeist die hohe und hehre Stille des Waldes eingeprügelt worden und dementsprechend trauen wir uns nur ein paar halbvorsichtige Pfiffe mit wenig Timbre und Vibrato, wenn es um Sprengfiep und Geschrei geht. Aber hat man einmal eine Gaiss gehört, die von einem Bock ernsthaft bedrängt wird, dann fragt man sich, wie ein so graziles Wesen wie eine Rehgaiss so ordinäre Töne wie die des Geschreis und des Sprengfieps hervorbringen kann.

Gehen wir die einzelnen Töne, die man aus dem Blatter herauszuholen imstande sein sollte, durch, dann steht – zumindest in der Reihenfolge, in der ich sie anwende – an erster Stelle der **Kitzfiep**. Das ist ein sehr heller, hoher, beinah zirpender und recht kurzer Ton, der in kurzen Abständen herausgestoßen wird. Er bleibt mehr oder minder in der gleichen Tonhöhe und fällt am Ende nicht wirklich ab. Das Kitz ruft nach seiner Mutter, weniger aus Angst, sondern weil es Kontakt haben will. Man könnte auch von Langeweile sprechen, wollte man das ganze Blattgeschäft ein wenig vermenschlichen.

Das **Fiepen** klingt sehr ähnlich wie der Kitzruf, auch er fällt am Ende kaum oder nur unmerklich ab. Da er aber von einem adulten Stück ausgestoßen wird, ist er deutlich tiefer. Es handelt sich weniger um einen Lock- als einen Kommunikationsruf, der letztlich sagen will: „Ich bin hier!"

Das **Locken** der Gaiss ist ein satterer, kurzer Ton, der am Ende deutlich abfällt, es ist der oft erwähnte „piä-" oder „piah"-Laut. Die Gaiss lockt den Bock damit heran. Sie stößt diesen Ton aber gelegentlich auch im Treiben aus, nämlich dann, wenn der Bock verhofft und sozusagen kurzzeitig das Interesse verliert. Dann treibt ihn die Gaiss mit diesem Ton an, und zwar so lange, bis er das Treiben wieder aufnimmt. Dann verstummt sie wieder.

Das Locken setzt die Gaiss auch ein, um den Bock aufzufordern, wenn er verhofft und scheinbar das Interesse verliert.

Der **Sprengfiep**, **Sprengruf** oder **das Geschrei** kommt im Treiben, wenn die Sache ernst wird und der Bock mit einiger Hitze hinter seiner Partnerin her ist, die aber noch nicht willens ist, sich zu stellen. Soweit ich es beobachtet habe, wechseln sich hier kurze und längere Rufe unregelmäßig ab.

Wollte man den – zugegebenermaßen recht lächerlich sich lesenden – Versuch machen, das phonetisch zu transkribieren, dann wäre es ein „piä – piiiiä – piiä“ usw. Der Ton kann kurz und abgehackt, aber ebenso langgezogen und vibrierend sein. Herzog Albrecht von Bayern erwähnt in seinem „Jagdlichen Vermächtnis“ aber noch einen anderen Laut, nämlich ein **leises, ununterbrochenes Rufen:** *„Blattet man dagegen genauso wie eine Gaiss, die von einem Bock auf beschränktem Raum langsam herumgetrieben wird und wie man es von zahmen Rehen (selbst von Böcken!) hören kann, wenn man z. B. außen an ihrer Einzäunung entlang geht und sie einem folgen* (sic!). *Das ist ein kaum hörbares, aber ununterbrochenes Fiepen in ganz kurzen Intervallen. Darauf werden einem die Böcke am unbedenklichsten springen. Meistens kommen sie dann – ohne sich viel zu überlegen – in zügigem Tempo auf den Platz zu, an dem sie das Fiepen hören.“*[18] Den Worten dieses wohl größten Wildkenners des 20. Jahrhunderts viel hinzuzufügen, wäre vermessen. Ich gestatte mir nur anzuführen, dass ich dieses Verhalten immer wieder, zuletzt in der Rehbrunft 2015 im niederösterreichischen Ötschergebiet, gehört und mitbekommen habe.

Der bekannte deutsche Jagdjournalist und Blattjagdkenner Frank Rakow hat mich in diesem Zusammenhang auf Folgendes hingewiesen: Sind Gaiss und Bock niedergetan, kann man mit dem Ruf dafür sorgen, dass beide wieder hochwerden und das Treiben fortsetzen. Mit dem Kitzruf hat man dann meist weniger Glück. Setzt man aber den normalen Gaissruf ein, so wie ihn Herzog Albrecht oben beschreibt, wird die Gaiss sehr wahrscheinlich hochwerden und den Bock zum Treiben animieren. Es scheint dann fast so, als wolle sie ihrem Galan sagen, dass er nicht auf das Weib da hinten hören solle, schließlich ist sie selbst ja direkt vor Ort.

Das Miterleben des **Kitz-Angstgeschreis**: Ich hoffe, dass speziell das Kitz-Angstgeschrei einem jeden Leser dieses Buches erspart bleibt, denn das ist nicht schön, das ist grauenhaft. Da schreit ein gequältes Kitz um sein helles Leben! Es gibt immer wieder Autoren, die diesen Ruf als „ultima ratio“ für die Blattjagd empfehlen. Gäbe es zu „ultima“ einen Superlativ, dann würde ich jegliches Angstgeschrei als „ultissima ratio“ bezeichnen, denn hat man es einmal angewandt, dann hat man dieses Signal in die Rehwelt des Reviers gesandt: „Der Tod geht um und schneidet rücksichtslos drein, ohne Wahl, sonder Zahl und bar jeglicher Rücksicht, passt auf!" So eingesetzt, kann man damit durchaus die Eifersucht eines Bockes ansprechen. Mag sein, dass man damit so einen alten Hagestolz, dem man das Jahr über vergeblich nachgestellt hat, endlich vors Rohr und auf die Strecke bekommt. Aber danach geht im weiten Umkreis um den Ort des Geschehens meist nichts mehr, und „weit" bedeutet hier Hörweite. Die aber reicht beim Rehwild elend weit, Ausnahme ist hier das Gebirge. Zumeist ist hier die Wilddichte geringer, zudem trägt der Schall weniger weit als in der Ebene.

Dennoch würde ich empfehlen, auch im Berg das Kitz-Angstgeschrei nur als allerletzten Ausweg anzuwenden, wenn ein Bock um jeden Preis und unbedingt her muss. Ganz gelegentlich kann es aber auch sein, dass ein Kitz, von der Gaiss abseits des „Brunftplatzes" abgelegt, auf die Suche nach der Mutter geht und dabei ins Treiben gerät. Meistens wird es dann mit Nachdruck vom Bock verjagt, auch dabei kann das Angstgeschrei entstehen. Letztlich muss das ein jeder Jäger mit sich und seinem Anstand ausmachen.

Das Angst- oder **Große Geschrei** der adulten Gaiss kann dagegen durchaus Erfolg versprechend sein, ohne dass damit allzu viel kaputt gemacht ist – vorausgesetzt, man wendet es nicht an jedem einzelnen Stand an und spart damit. Der Laut ist ganz ähnlich wie beim Sprengfiep, aber heftiger, betonter, übertriebener. Dieses Große Geschrei verknüpft der territoriale Bock damit, dass ein anderer Bock eine seiner Gaissen so hart hernimmt, das es fast einer Vergewaltigung gleichkommt. Er steht dann zu, um nachzusehen, durchaus auch einmal und kurzzeitig von der Gaiss weg, bei der er sich gerade aufhält. Junge Böcke dagegen nehmen meistens Reißaus, weil sie den Hausherrn fürchten. Dabei muss man aber aufpassen, dass man die Sache nicht übertreibt. In einem Revier in der Fürstenfeldbrucker Gegend, wo ich schon als noch sehr junger Jäger blatten durfte, habe ich das Geschrei immer wieder so heftig angewandt, dass die Rehe buchstäblich auf der anderen Seite des Waldes ins Feld geflüchtet sind. Zeugen haben das bestätigt, und wenn ich dort gelegentlich wieder blatte, werde ich immer noch damit aufgezwickt.

Das Große Geschrei der Gaiss lässt den Bock nachsehen, was ein Rivale dort mit einer „seiner“ Damen treibt.

Bei Sprengfiep und Großem Geschrei geht es weniger um den Paarungstrieb des Bocks als um seine Eifersucht. Es macht ja Situationen nach, in denen ein Nebenbuhler eine Gaiss treibt. Deswegen sollte man diese Töne auch nur da nachmachen, wo sie tatsächlich stattfinden könnten, wo sich also Bock und Gaiss treiben würden.

Was, wann, wie?

„Erfühlt ihr's nicht, ihr werdet's nicht erjagen!“ – diese Worte las ich als Schüler in Goethes Faust. Johannes „Aki“ Erbprinz zu Schwarzenberg warf sie mir angelegentlich und ebenfalls zu Schulzeiten noch am Blattstand an den Kopf, als ich ihn fragte, was für Töne ich jetzt in dieser Situation auf meinem Blatter von mir geben sollte. Damals habe ich ihn als „kotzengrob“ abgetan, heute weiß ich, dass er durchaus recht hatte. Es hat nämlich recht viel mit Gefühl zu tun, und dieses richtige Gefühl für den richtigen Ton im richtigen Moment entspringt dem Lernen und der Beobachtung. Jeder Blattstand will an jedem Tag der Blattzeit anders angepackt sein, und die Faktoren, die hier in Betracht zu ziehen sind, sind zahlreiche: Wildstand, Zeitpunkt der Brunft, Ort, Bewuchs, Tageszeit, Lage des Blattstandes und dergleichen mehr – und immer kommt auch noch das persönliche Glück dazu. Dennoch gibt es einige Grundparameter, die man nennen kann.

Einer der wichtigsten Grundsätze, die ich für mich gelernt habe: Man soll nicht zu zaghaft blatten. Ein, zwei kaum hörbare Pfiffe und dann wieder für eine Viertelstunde Ruhe geben – das bringt nur dann was, wenn der sprungbereite Bock schon sozusagen in den Startlöchern in der Dickung steht. Da das aber nur recht selten der Fall ist, rate ich dazu, lang und anhaltend zu blatten, und vielleicht sogar länger als man glaubt. Wenn man Gaissen beobachtet, die rufen, dann kann man das gut studieren. Beim Blatten sollte man aber eines immer im Hinterkopf behalten: Je lauter und je heftiger man blattet, je pausenloser man ruft, umso schneller wird ein eventueller Bock auch anspringen, im Zweifel so schnell, dass zum Ansprechen kaum noch Zeit bleibt, und zum Schuss eventuell auch nicht. Also sollte man mit Maß und Ziel an die Sache herangehen. Ich will nicht festlegen, wie das Zeitmaß der Rufe zu sein hat, wie lange die Pausen zwischen den Tönen und zwischen den einzelnen Strophen. Das kann man nach der Uhr nicht lernen. Dazu gehe man mit einem erfahrenen Blattjäger hinaus und schaue, wie der das macht. Kassetten, Tonbänder und CDs geben auch gewisse Anhaltspunkte. Den Rest machen dann der Versuch, die Erfahrung und das Gefühl.

Ich habe es mir zur guten Angewohnheit gemacht, einen Blattstand mit einigen Kitzrufen „einzuweihen“, das dient sozusagen der Vorfeldaufklärung. Man gibt also ein paar verhaltene hohe Pfiffe ab und schaut, was sich tut. Das kann nichts sein, das kann eine einzelne Gaiss sein, es ist aber auch durchaus möglich und mir immer wieder geschehen, dass bereits auf diese ersten paar Pfiffe eine Gaiss samt Bock daherrumpelte – oder gar der Bock ohne Gaiss. Daher ist die erste Grundregel: Bevor ich den Blatter in den Mund nehme, bin ich schussbereit!

Nicht zu zaghaft blatten!

Warum nun der Kitzruf zuerst? Nichts gibt einem am Blattstand ein solch großes Gefühl der eigenen Dummheit wie die Situation, in der vor einem misstrauisch ein sichtlich alter und reifer Bock in der Dickung halb sichtbar umherschleicht, um dann vom Schrecken der Gaiss hinter einem vergrämt fortzuflüchten. Die Gaiss kommt nämlich nicht nur allein auf den Ruf des Kitzes, recht oft steht sie auch aufs normale Blatten zu, und sei es nur, um nachzusehen, wer sich da so lautstark produziert. Kommt also eine Gaiss allein daher, dann habe ich schon einen Hinweis auf das, was hier vielleicht gehen kann: Kommt sie her und rauscht sofort wieder ab, dann ist es gut möglich, dass ihr Kitz nahebei liegt oder herumsteht. Dann weiß ich, dass ich mir Zeit lassen muss mit dem weiteren Rufen in anderen Tonalitäten. Steht sie da und äugt unsicher herum – besonders in eine spezielle Richtung –, habe ich Grund zur Annahme, dass da, wo sie hinäugt, eine weiteres Stück zugange ist. Das kann durchaus der Bock sein. Kommt sie heraus, schaut einmal ins Rund und beginnt dann zu äsen, dann kann ich mit einiger – nicht mit aller – Sicherheit davon ausgehen, dass sie bereits beschlagen und das Brunftgeschehen für sie vorbei ist. Ich werde sie aber trotzdem genauer beobachten und anschauen und – besonders wenn es sich um eine Schmalgaiss handelt – meine Blatterei noch ein wenig fortsetzen, um zu schauen, ob nicht doch noch ein Galan folgt.

Tut sich auf den Kitzruf gar nichts, dann wartet man ein Weilchen zu. Wie lang dieses Weilchen ist, das hängt davon ab, wie geduldig man ist oder wie lang der Abend resp. der Morgen noch dauert und wie weit man es ggf. zum nächsten Blattstand hat, passenden Wind vorausgesetzt. Fünf und ein paar Minuten sollten es in jedem Fall aber schon sein.

In dieser Pause – wie übrigens in jeder Pause beim Blatten – halte man Ohren und Augen sehr weit offen. Schimpft irgendwo ein Vogel, raschelt, knackst oder streift irgendwo irgendetwas an? Unser Rehwild, das sonst recht grazil und leisetreterisch ist, kann sich in der Brunft zum veritablen Trampeltier wandeln und seine Anwesenheit so verraten. Ebenso sollte man Gebüsch und Jungwuchs im Auge behalten. Wenn oben im Gipfelbereich der Verjüngung ein einzelner Wipfel wackelt, dann kann es gut sein, dass unten etwas herumplätzt oder -fegt. Und mit etwas Glück hört man ein Stück Rehwild rufen oder gar den Sprengfiep oder das Geschrei. Die Chancen, dass man daraufhin an diesem Stand zu Anblick und Schuss kommt, sinken für diesen Fall freilich, aber man hat etwas unschätzbar Wichtiges für den nächsten Stand dazugelernt, nämlich den richtigen Ton. Manche besonders fähigen Jäger haben es auch schon geschafft, das Geschrei erfolgreich anzugehen. Mir ist das noch nie gelungen, aber ich stehe ja auch erst in der Lebensmitte und habe daher noch viele Chancen vor mir, dieses Kunststückl auch noch zuwege zu bringen.

Sagen wir nun, der Erklärung halber, der Kitzruf sei reaktionslos verklungen und in der Pause habe sich nichts getan, was die Anwesenheit eines Rehs verraten würde. Dann stellen sich für das weitere Vorgehen erste Fragen: Weiß ich, welcher Bock hier um die Wege ist, kenne ich oder kennt mein Pürschführer diesen Bock und kann etwas über Wesen und Alter sagen?

Oder blatte ich aufs Geratewohl? Wenn ich weiß oder annehmen kann, dass ich mitten im Appartement des alten Platzbocks bin, dann werde ich jetzt eher den Ruf einer Schmalgaiss anwenden. Rührt sich darauf nichts, dann setze ich den gleichen Ruf intensiver und fordernder fort, werde also etwas lauter, rufe etwas öfter. Wenn ich nicht weiß, wer hier umher sein könnte, dann bin ich entsprechend vorsichtiger. Bläst der Wind und rauscht es im Wald wie an einer Autobahn, dann bin ich natürlich lauter, denn ich will ja gehört werden. Bin ich im bestandsschwachen Revier oder im Hochgebirge, ist die nächste Dickung weit weg, habe ich auf dem Weg ins Revier – egal zu welcher Tageszeit – Wild auf den Äsungsflächen gesehen, und ist die nächste Äsungsfläche weit weg, werde ich ebenfalls lauter. Ebenso gilt der Umkehrschluss.

Nun haben wir einen dieser Tage und Stände erwischt, an denen nichts leicht geschenkt ist. Auf ein oder fallweise zwei, drei, vier G'sätzl der Schmalgaiss hat sich rein gar nichts getan. Die Vogelei schweigt im Walde, weder Eichkatzeln noch sonst ein Getier raschelt herum – ja, dann kann ich auch einpacken und weitergehen. Ebenso gut kann ich aber auch sitzen bleiben und weiterblatten. Da geben wirklich nur Tageszeit, der Weg zum nächsten Stand, das Ausmaß der persönlichen Faulheit und eben das Gefühl den Ausschlag. Als nächstes werde ich es wahrscheinlich mit dem Gaissruf probieren. Aber: Die Pause wird jetzt wahrscheinlich etwas größer sein, denn in einem normal besetzten Revier sind Schmale und Altgaiss nicht unbedingt während der Brunft im unmittelbar gleichen Eck unterwegs. Ansonsten verfahre ich mit dem Ruf der adulten Gaiss ebenso wie mit dem Ruf der Jahrigen.

Wenn ich aber aus irgendeinem Grund das Gefühl habe, dass sich da was tut oder tun könnte, dann werde ich, egal ob ich nun eine Schmal- oder eine Altgaiss akustisch verkörpere, meinen Ton langsam, aber sicher modulieren. Ich werde nach einem oder zwei G'sätzln lauter werden, werde öfter rufen, abgehackter, werde den ein oder anderen Ton länger ziehen, den Ton zum Ende hin stärker abfallen lassen, ein gewisses Vibrato hineinlegen. Das kann dann durchaus in Abstufungen bis hin zum vollen Sprengfiep oder gar zum großen Geschrei gehen. Und wieder werde ich in den Pausen mit Ohr und

Auge das Gelände genau studieren. Und wenn das alles nichts bringt, dann werde ich das schon merken und dann den Blattstand räumen.

Ich weiß, dass es viele Autoren gibt, die sehr viel berufener für das Thema „Blattjagd" sind, als ich es bin. Sie empfehlen, dass man nach dem letzten Ton mindestens eine Stunde am Ort sitzen zu bleiben habe. Ich bitte meinen Leser um Verzeihung für die Blasphemie, die ich jetzt äußere: Ich kann mich des Eindrucks nicht erwehren, dass diese Autoren diesen Rat meist im Stadium der Abgeklärtheit und Lebensweisheit geben, wie sie ein fortgeschrittenes Alter mit sich bringt. Mir ist diese Gelassenheit leider noch nicht zuteilgeworden und so behaupte ich: Der Bock, der eine Stunde nach dem letzten Ton auftaucht (in den Berichten ist es fast immer ein uralter, abnormer und hochkapitaler Bock), wäre auch zum beschriebenen Zeitpunkt gekommen, hätte man die gesamte Zeit am Blattstand zugebracht, ohne einen einzigen Fieper von sich zu geben.

Ein Bock, der erst eine Stunde nach dem Blatten auftaucht, wäre wahrscheinlich auch ohne jedes Fiepen ausgetreten.

Ein Wort zum Tonfall

Der Ton macht bekanntlich die Musik. Und „Musik" ist in diesem Zusammenhang durchaus ein passender Begriff: Ohne ein Mindestmaß an Musikalität hat man es beim Blatten nicht leicht. Wer in sein Pfeiferl so hineinbläst, dass es sich anhört, als würde eine satte Ente nach dem Dessert verlangen, der wird wenig Rehwild in Anblick bekommen. Allenfalls schaut der Fuchs vorbei und kann mitgenommen werden, wo es Sinn macht. Und wer seinen Blatter wie eine Hasenklage handhabt, der wird ebenfalls bestenfalls Reineke zu Gesicht bekommen oder eine Wildsau, die ja auch eine schöne Beute abgibt. Man sollte also schon imstande sein, die wesentlichen Lautäußerungen unseres Rehwildes zu Zeiten der Brunft halbwegs originalgetreu wiederzugeben.

Nun ist aus nachvollziehbaren Gründen nicht jedem Menschen das absolute Gehör mitgegeben, sonst hätten es unsere musikalischen Genies unangenehm schwer, sich den Lebensunterhalt mit ihrem Musizieren zu verdienen. Und wenn mich jemand fragen würde, in welchem Bezug der Ruf von Kitz, Schmalgaiss oder Altgaiss im jeweiligen Rufmodus zum Kammerton A stünde, müsste ich die Antwort schuldig bleiben, weil ich – was die Musik betrifft – nie wirklich über den Rang eines Badewannendilettanten hinausgekommen bin. Es gibt ja wunderbare Lehretüden großartiger Blattkünstler auf Tonträgern, die erwerbe man und gebe sich dem Üben hin. Allerdings empfehle ich vorherige Landverschickung von Hunden und Familie.

Aber eines bleibt dennoch unbestreitbar stehen: Die beste Lehrmeisterin für das Blatten ist die Rehgaiss. Nur machen sich die wenigsten Jäger die Mühe, ihren Hörsaal aufzusuchen. Wir rennen doch in der Blattzeit viel zu oft viel zu laut und viel zu aufgeregt durch die Botanik. Aber wer sich die – zugegebenermaßen hart abgesparte – Zeit nimmt, mit offenem Ohr draußen zu sitzen, der kann da sehr viel lernen. Vor allem eines: Das Reh ist da, wo es hingehört, darum hält es sich nicht zurück.

Wir Jäger bewegen uns in der Wildbahn mit einigem Recht stets in dem Wissen, dass wir da sind, wo wir mit unseren Fähigkeiten eigentlich nicht hinpassen. Darum versuchen wir im Idealfall so wenig aufzufallen, wie es nur irgend geht. Das kann beim Blatten durchaus hinderlich sein. Wer einmal die Gaiss hat rufen hören, wer zwei Rehen beim Treiben zugehört hat, wer das Angstgeschrei eines vom Fuchs bedrängten Kitzes miterlebt hat, der weiß es. Eine ehrliche Frage an all die vielen Schwarzwildspezialisten unter uns Jägern: Bestimmt haben sie gehört, wie ein Frischling grunzt, dem die Hunde im Treiben in die Nähe gekommen sind. Hört sich das nicht so an, als wäre da ein viertel- bis halbtonnenschwerer Kapitalkeiler im Busch? Genauso ist es auch beim Rehwild: Es ruft gelegentlich erheblich lauter als man denkt, und wir blatten zumeist viel zu verhalten – und das gilt von laut bis leise. Man soll sich ruhig trauen, das Geschrei auch herauszuschreien, ebenso wie man sich trauen muss, das leise, beständige Fiepen der vom Bock auf engstem Raum einvernehmlich getriebenen Gaiss eben nicht laut herauszuposaunen, sondern eben leise und verhalten hinaus ins brunftsommerliche Land zu rufen.

Wir sollten beim Blatten – kurz gesagt – einfach „mehr Reh“ wagen.

Wer Erfolg haben will, sollte einfach „mehr Reh“ wagen.

Fiepen ist nicht alles!

Es lohnt sich, die Frage zu stellen, was das eigentliche Wesen der Blattjagd ist. Oberflächlich besehen lautet die Antwort: einen Bock mit dem Blatt herzurufen. Aber genau betrachtet geht es ja darum, einem Bock eine echte Brunftsituation vorzugaukeln. Dazu gehört aber etwas mehr als nur der reine Pfiff, sei er auch noch so kunstgerecht ausgeführt. Die Gaiss steht ja auch nicht unbewegt in der Landschaft und ruft. Deswegen sollte man auch nicht nur in eine Richtung blatten, sondern sich auf dem Blattstand hin und her wenden und möglichst rundherum rufen. Dass dabei auf richtige Deckung, Kleidung und vor allem darauf geachtet werden muss, dass man nicht gegen das Licht steht und eine scharf umrissene Silhouette abgibt, versteht sich von selbst. Wenn man dabei etwas auf dem Boden raschelt, ist das nicht schlimm, im Gegenteil. Steht man beispielsweise in einem Buchenaltholz, ist der Boden ja überall mit trockenem Laub bedeckt, und auch eine Gaiss wird sich da nicht absolut lautlos fortbewegen können.

Aber die Brunft kennt auch noch andere Laute: Wer einmal Bock und Gaiss beim Treiben zugesehen hat, der hat vielleicht gehört, dass beide recht laut atmen, ja beinahe keuchen. Gelegentlich – wenn es wirklich scharfes, heftiges Treiben ist – rasselt der Atem geradezu. Nun können wir Menschen dieses Rasseln eigentlich nur dann nachmachen, wenn unsere Bronchien in keinem gesunden Zustand sind, und meist folgt dann auf das Rasseln ein satter Hustenanfall, der auf dem Blattstand möglichst vermieden werden sollte. Aber das scharfe Atmen kann man schon imitieren, und gibt man nun eine solche Serie „Treiben“ von sich, kommt man vielleicht ein wenig aus der Puste. Da kann man ruhig laut und deutlich hörbar schnaufen, das hilft der gesamten Symphonie durchaus.

Der Bock markiert in der Brunft- und Blattzeit sein Territorium beinah überall, wo er nur kann. Auch das kann man sich beim Blatten zunutze machen. Plätzen und Fegen sind zwei Sachen, die man gut nachahmen kann. Das Plätzen geht recht gut mit dem Fuß, denn das, was dabei wirklich weithin hörbar ist, ist weniger das stampfende Scharren, sondern das Prasseln der

In der Brunft markieren Böcke sehr häufig.

aufgewirbelten Streu, die auf den Waldboden fällt. Das Fegen kann man mit einem Ast nachahmen, mit dem man im Busch herumfährt. Dabei sollte man nicht zaghaft sein, aber auch nicht auf den Busch hauen. Wenn dann so ein Buchenheister oder eine Hollerstaude ordentlich wackelt, dann ist das durchaus auch ein optischer Anreiz für einen territorialen Bock. Wenn man sich ganz verkünsteln will, so wie ich das zugegebenermaßen gern mache, dann baut man sich oder lässt man sich einen speziellen Jagdstock dafür bauen: ungefähr brusthoch, und oben setzt man entweder eine Hirschgabel oder gar eine Rehbockstange drauf, die aber nicht allzu scharf geperlt sein sollte, sonst greift sie sich unangenehm.

Eines ist klar: Das Plätzen, das Fegen und das Schnaufen sprechen weniger den Paarungstrieb des Bockes an als dessen Territorialverhalten, seine Eifersucht eigentlich. Drum muss auch das Blatten dazu passen: Auf ein Locken folgt kaum einmal einer dieser Laute, aber im Sprengen oder im Geschrei kann man sie durchaus in die Pausen einbauen. Man muss sich halt ein wenig in die Situation hineindenken und dementsprechend agieren. Plätzen und Fegen lassen sich noch in einer anderen, oft als „aussichtslos“ beschriebenen Situation gut anwenden: Sieht man einen reifen Bock bei der Gaiss stehen, dann wird er mit dem Blatter nur sehr schwer herzubekommen sein. Wenn man nun gut gedeckt steht und der Bock nicht auf einen halben Kilometer oder mehr weg ist und vor allem, wenn der Bock nicht auf dem Herweg sichtbare Reviergrenzen überwinden muss, dann ist es gut möglich, ihn mit Plätzerei und Fegerei herzuholen. Schließlich benimmt man sich ja so wie ein fremder Bock, der da im Revier des Hausherrn sich sein eigenes Terrain auszeigen will. Man sollte den herzuholenden Bock gut beobachten. Wenn er nach einigen Bemühungen immer noch keine echten Bestrebungen zuzustehen zeigt, dann kann man es lassen, denn dann steht man nicht in seinem Revier. Möglicherweise ist aber auch der tatsächlich sich angesprochen fühlende Platzbock bereits hinter einem in den Wind gewechselt und schreckt im nächsten Moment.

Apropos Schrecken: Wenn man diesen Laut nachzuahmen versteht – ich persönlich kann das nicht wirklich, ohne einen Hustenanfall zu bekommen – kann man ihn bei der Blattjagd gut anwenden. Ein einfaches, raues Bellen langt übrigens nicht, der Ton muss recht weit hinten im Rachen gebildet werden und heiser klingen. Wer viel Tabak raucht und wessen Lunge so schon pfeift wie eine Dampflokomotive, wird damit seine Schwierigkeiten haben und sollte es besser lassen, denn ein falsches Schrecken hat auf das Wild ungefähr die Wirkung einer Druckluftsirene. Man sollte auch hier dem Rehwild zuhören und dann üben, wie es richtig klingt. Wann und wo das Schrecken gut angewendet werden kann, soll im nachfolgenden Abschnitt behandelt werden.

Spezielle Mittel

Als ich noch ein junger Kerl war, bedeutete mir die Blattjagd bereits mein Ein und Alles. Meine Eltern hatten im württembergischen Allgäu, folgend den Erkenntnissen meines Großvaters im steirischen Weichselboden, eine beachtliche Rehjagd aufgebaut, die dem von ihm geschöpften Wissen streng folgte und deswegen die Anwendung eigener Erkenntnisse nicht verbot, sondern prüfte und dann beibehielt oder ad absurdum stellte. Dass die Blattjagd in diesem System ihren festen Platz hatte, ist klar. Mir war es damals aber kaum verständlich, dass ich nie selbst blatten durfte. Das übernahmen erst meine Mutter und später mein Freund, unser Berufsjäger Anton „Toni" Rosmer. So sehr es mir damals stank, dass ich nur als Schütze und nicht als Jäger fungieren durfte, so viel habe ich daraus gelernt. Ortswahl, Tonwahl, Zeitwahl – all das haben mir diese beiden Menschen durch Vorzeigen beigebracht. Lehrstunden im Sinne eines unterrichtenden Vortrages waren das freilich nicht. Ich war angehalten zu beobachten und aus dem Gesehenen zu lernen.

Dieses erlernte Blatten habe ich danach in vielen Revieren von Freunden ausprobieren und damit verinnerlichen dürfen. Aber erst im eigenen Revier in England habe ich das Ganze auch anwenden können. „Anwenden" bedeutet hier aber nicht das reine Herumpfeifen im Wald, sondern das echte, das wirkliche Blattjagen. Und das geht über die Betätigung des jeweilig gewählten Instruments doch um einige Schritte hinaus. Wer immer sich mit der Blattjagd und dem Rehwild auseinandersetzt, wird all diese Stückln selbst lernen, früher oder später. Aber da meine Leser und ich nicht wissen, wie lang wir noch frei und waidgerecht jagen werden können, will ich das, was ich für mich an solchen Kniffen gelernt habe, hier anführen.

Die wandelnde Gaiss

Wie oft wurde einem vom Jagdherrn nicht ein einzelner Platz angewiesen zum Blatten, und war er großzügig, dann gab es einen Ausweichort. Aber auch dann war man an einen Stand gebunden. Dort sollte man blatten und sehen, was käme. Doch so recht zum Blattjagen will mir das nicht passen. Denn wenn ich das Blatten als Locken verstehe (auch wenn es immer mehr sein mag und kann), dann kann das nicht an einen Fleck gebunden sein. Die Rehgaiss, die bereit zur Empfängnis ist und von keinem Bock umworben wird, bleibt auch nicht über so und so viele Viertelstunden an einem Ort stehen. Sie sucht. Ebenso kann es der Jäger auch halten.

Weiß man einen Bock irgendwo im Revier, sagen wir in einem Waldstück, dann kann man sich rundherum ansetzen und versuchen ihn herzublatten. Das mag gut funktionieren und dann ist das schöne Jagd. Aber wenn man den Ort gut und genau kennt, dann kann man sich eine viel schönere Jagd machen als das reine Pfeifen vom festgelegten Stand aus. Wichtig dabei ist, dass man den Wind genau kennt und beachtet, und dass man schnell ansprechen kann.

Wie man so etwas genau angeht, das hängt sehr von der Revierbeschaffenheit ab. Ich vermag hier nur beispielhaft berichten, wie diese Jagd ablaufen könnte. Es ist keine Sache für Adepten und Anfänger, aber wer sich aufs Blatten versteht und vom Rehwild etwas versteht, der wird sich seinen Reim darauf machen können. Sagen wir, der Wald oder die Abteilung, in der unser Bock steckt, zieht sich über einige hundert Meter hin, weist Äsung auf und Deckung, erfüllt also alle Voraussetzungen, die einen guten Einstand ausmachen, dann geht man am lichtesten Ende hinein – immer vorausgesetzt, dass der Wind passt. An der ersten Stelle, die etwas Anblick und Schussfeld verspricht, macht man ein paar lockende Pfiffe – nicht zu lang, nicht zu intensiv. Man verhofft dann eine oder zwei, vielleicht drei Minuten, beobachtet und verhört genau, ob sich etwas nähert. Ist die Luft rein, geht man weiter und sucht sich erneut eine Stelle ähnlich der ersten, dort verhält man sich analog und arbeitet sich so Stück für Stück vor, halt genauso, wie es eine suchende Gaiss tun würde. Folgt man dabei einem festgetretenen Wildwechsel, dann hilft das ungemein. Wichtig ist bei dieser Methode, dass man alle Sinne weit offen hält, denn der Bock kann jederzeit und aus jeder Ecke springen oder anwechseln. Und dann gilt es, ganz genau anzusprechen, denn das muss nicht unbedingt der Platzbock sein, der da kommt!

Geht es um einen ganz bestimmten Bock, der in diesem Revier seine Wechsel hält und der dieses Jahr fallen soll, dann hat er wahrscheinlich in dem ausgesuchten Revierteil eine bestimmte Dickung, die sozusagen sein Boudoir darstellt. Dort ruht er, dort hält er sich auf, von dort tritt er zur Äsung aus. Wenn man diesen Fleck und das Revier dieses Bockes genau kennt (und da zeigen einem Plätz- und Fegestellen genau die Grenzen, wenn man diese Zeichen zu lesen weiß), dann gehe man bei passendem Wind – und das kann nicht oft genug betont werden – die Sache von der dem Boudoir des Hausherrn entferntesten Ecke an. Platz für Platz blattet man sich so vorwärts, und die Strecke, die man dabei jeweils zurücklegt, kann durchaus zwanzig oder weniger Meter betragen. Man sollte dabei aber immer vorsichtig blatten, nur locken, und nicht an die Eifersucht des Platzbockes appellieren. Ist der Hausherr daheim, wird er irgendwann zustehen. Meist tut er das nach meiner Beobachtung nicht auf dem Wechsel, sondern dort, wo er größtmöglichen Überblick übers Gelände hat. Der Platzbock, der so anwechselt, springt nicht im strengen Sinn des Wortes. Er schaut vielmehr, welches möglicherweise unverschämte Weibsbild da in sein Haus vorgedrungen ist. Er ist also um einiges wachsamer als der „nur springende" Bock, der rein die Paarung im Sinn hat und dementsprechend unvorsichtig ist. Der Jäger muss also gut gedeckt stehen und immer schussbereit sein, sobald er seinen Posten bezogen hat und mit dem Rufen beginnt. Genaue Kenntnis des bejagten Revierteils und seiner Wechsel sind der Schlüssel zum Erfolg! Zudem sollte man peinlich darauf achten, dass man dem direkten Einstand des Bockes nicht zu nahe kommt, sonst rumpelt er auf kürzeste Entfernung her (hier reden wir von Ellen und nicht von Schritten), wird den Jäger gewahr und ist a) schreckend fort und b) für diese Brunft möglicherweise vergrämt.

Dressur

Im hellen Licht springt, nein, rast der Bock über die Wiese, spitz auf den Stand zu. Er ist alt, reif und kapital, aber auf den Stich will man dann halt doch nicht schießen. Diese Situation kennt wohl jeder Jäger. Man hat sie oft genug erlebt, aber dennoch muss das keine Regel sein, denn das lässt sich verhindern. Übrigens geht dieses „Verhindern" nicht nur auf der Wiese, sondern durchaus auch im Bestand. Wichtig dabei ist, dass man, sowie der Bock auf die beblattete Fläche tritt, sofort verstummt und dessen Verhalten genau studiert. Springt er tatsächlich oder wollte er nur einmal schauen? Der „Springer" wird sich umsehen und am Fleck verharren in aller Unruhe. Der „Schauer" äst vielleicht für zwei, drei Bissen am Waldrand herum, dann verschwindet er wieder. Haben wir es mit einem „Springer" zu tun, dann wird er auf Pfiff

„Springer" nähern sich direkter als „Schauer".

recht schnell zustehen: in gerader Linie auf den Ton zu und je schneller, je heftiger, öfter und mit weniger Unterbrechungen man ruft. Lässt man sich aber in den Blatt-G'sätzln Zeit und Ruhe, dann wird man entdecken können, dass der Bock gar nicht so sehr wild darauf ist, wie die Feuerwehr zuzustehen.

Oft genug, wenn man mit dem Blatten ein bisschen vorsichtig ist, sobald der Bock die Fläche betreten hat, kann man sehen, dass er durchaus auch langsam und vorsichtig ankommen kann, vorausgesetzt, man spult ihn nicht herein wie einen schwachen Hecht am Blinker. Zum einen hat diese Vorsicht den Vorteil, dass man das Wild genauer ansprechen kann. Zum anderen lässt sich der Bock mit etwas Geschick und Beobachtungsgabe sogar steuern. Dabei sollte man das Wild aber immer möglichst genau im Auge behalten und schauen, was es macht. Vor allem darf man nicht so laut und heftig blatten, dass der Bock ins zielgerichtete Springen verfällt, man darf aber auch nicht so zurückhaltend werden, dass er das Interesse verliert. Schafft man es, die

Grenze dazwischen zu treffen, dann wartet man den Moment ab, in dem der Bock unschlüssig verhofft, nachdem er ein paar Gänge getan hat. Und dann ruft man in eine andere Richtung.

Man sollte übrigens vermeiden, weiterzublatten, wenn er sich in Bewegung gesetzt hat. Pfeift man während er anwechselt, wird er sehr wahrscheinlich deutlich schneller werden. Wenn man aber, sobald er sich herbewegt, verstummt, wird er wahrscheinlich ein paar Gänge machen und dann verhoffen, sichern und verlosen, wo der Ruf hergekommen ist. In dem Moment muss man den Schall des Rufs mit den Händen nach links oder rechts lenken. Mit ein, zwei, vielleicht drei Tönen kommt der Bock wieder in Bewegung, wird aber jetzt der Richtung des Schalls folgen. Man kann Böcke – auch ältere! – auf diese Weise richtiggehend in Schleifen anwechseln lassen, man kann sie so auf eine zum Schuss geeignete Stelle lotsen. Wichtig ist dabei, dass man genau beobachtet, was der Bock macht und wie er in jedem Moment reagiert.

Das Steuern eines auf den Ruf anwechselnden Bockes ist kein Professorenstück, es ist aber auch keine Anfängerübung. Der Jäger sollte schon wissen, wie man mit dem Blatter und der Blattjagd umgeht, und er sollte vor allem imstand sein, die Reaktionen des Wildes richtig zu lesen. Das bedingt etwas Erfahrung, ein waches Hirn und offene Augen.

Anhalten

Oft wird man von jemandem, der sich mit der Blatterei noch nicht so recht auskennt, gefragt, ob und wie man einen springenden Bock anhalten kann. Da gibt es freilich einige Möglichkeiten. Wenn der Bock richtig daherrauscht, dann lässt er sich nur durch eine scharfe Unterbrechung von seinem Tun abhalten. Schrecken bringt nach meiner Erfahrung in dieser Situation recht wenig, denn diesen Ton kennt er und hört ihn gerade in der Blattzeit so häufig, dass er ihn im Springen kaum stört – es sei denn, man schreckt so grottenfalsch, dass der Bock gleich Lunte riecht. Dann macht er aber auch auf der Hinterhand kehrt und alles, was man dann noch in Anblick bekommt, ist ein wippender Spiegel. Ein scharfer Pfiff, ein Ruf wirkt da besser.

Wer grottenfalsch schreckt, sieht nur noch den Spiegel.

Aber: Der Bock realisiert dann ziemlich schnell, dass nicht die Gaiss, sondern der Todfeind hinter allem steckt und wird wahrscheinlich, wenn er kein ganz junger Depp mehr ist, nach kurzem Verhoffen abspringen. Soll geschossen werden, muss der Schuss dann also sehr schnell fallen. Damit ist aber noch längst nicht alles gewonnen: Auf Pfiff oder Ruf macht ein scharf springender Bock a) nicht sofort, b) nicht unbedingt breit und c) nicht unbedingt frei stehend Halt. Ob man also einen sauberen und sicheren Schuss in so einer Situation wird anbringen können, das bleibt eine Unwägbarkeit. Eine solche Notbremse wird man demnach nur in ganz bestimmten Situationen sinnvoll einsetzen können. Ich halte es daher für besser, einen schnell anspringenden Bock „ausspringen“ zu lassen, bevor man irgendetwas weiter unternimmt.

Das einzige Mittel, was einen springenden Bock früher oder später zum Verhoffen bringt, ist den Mund, in diesem Fall den Blatter, zu halten – und zwar still. Der Bock merkt dann schon, dass der Ruf verstummt, wird im Springen einhalten und schauen, wo der Ruf herkam. Und wenn er äugt und sichert, dann tut er das da, wo er das kann! Ein Beispiel: Man blattet im Waldhang, unten im halbwegs Ebenen ist eine Fichtendickung mit einer Gasse. Der Bock muss da durch, wenn er zur rufenden „Gaiss“ will. Man sieht ihn zügig auf den Ruf anwechseln und erkennt ihn schon dabei als passend. Dann richtet man sich auf diese Schneise oder bittet den eventuell geführten Jagdgast sich dorthin zu richten. Je nachdem wie breit die Dickung bis zu der Schneise ist, gibt man vielleicht noch einen oder zwei Pfiffe, wenn der Bock in die Dickung geht. Dann hört man auf, und wenn der Bock auch ein paar Minuten braucht (am Blattstand können drei Minuten drei Ewigkeiten sein!), bis er auf die Schneise kommt, beherrsche man sich und blatte keinesfalls weiter. Auf der Schneise wird er verhoffen, denn nur da kann er überhaupt etwas eräugen. Ein kurzer Blick durchs Zielfernrohr – oder durchs Fernglas, wenn man einen Gast oder Freund führt – reicht dann zum Schuss.

Was ich damit sagen will: Wenn man mit dem Blatten aufhört, wird der Bock auch über kurz oder lang mit dem Springen aufhören, weil er wissen will, wo der Ruf herkam und sich einen Überblick verschafft. Das macht er aber nur da, wo er das kann! Deswegen sollte man, bevor man mit dem Blatten beginnt, seinen jeweiligen Stand genau lesen und sich solche Stellen im Hirn markieren. Denn an diesen Stellen kann man den Bock anhalten. Man muss halt nur im richtigen Moment den Mund halten. Aber dass das auf der Jagd wie im sonstigen Leben eine nur von wenigen Weisen gemeisterte Lebensaufgabe ist, das ist altbekannt.

Es gibt aber auch eine Situation, in der ein oder maximal zwei Schrecklaute ein relativ sicheres Verhoffen auf dem Fleck bringt. Nämlich dann, wenn ein Bock im Troll herankommt. Der ist interessiert, aber „brennt“ noch nicht wirklich. Wahrscheinlich hat er hier im Eck schon mit einem Stärkeren Händel gehabt und will das gerade vermeiden und ist darum vorsichtig. Oder er weiß mehrere Nebenbuhler herum und will sondieren. Hier kann das Schrecken eine gute Bremse sein. Allerdings verhofft der Bock dann meist nur sehr kurz, man muss also schon im Anrollen „drauf“ sein und dann, wenn er steht, ganz schnell schießen. Zudem sollte man das mit dem Schrecken in der Situation

Für den Erfolg ist es wichtig, im richtigen Moment zu verschweigen.

nicht im Hochwald versuchen, denn der Bock bleibt nicht unmittelbar stehen, sondern macht noch ein oder zwei Gänge bevor er verhofft – und dann steht er meist hinterm Baum. Wenn man also die „Schreck-Bremse" zieht, dann in einem Moment, in der der Bock in eine Blöße hineinzieht.

Mein Großvater Herzog Albrecht v. Bayern, der gemeinsam mit seiner zweiten Frau Jenke für das Buch „Über Rehe in einem steirischen Gebirgsrevier"[19] unzählige Aufnahmen von springenden Böcken gemacht hat, hatte seine eigene Methode, Böcke auf den Punkt anzuhalten. Dazu hatte er sich spezielle, extrem leise Blatter hergestellt, deren einen ich besitze. Kam ein Bock auf den normallauten Blatter an und stand an einem für das Foto geeigneten Platz, wurde er abgelichtet. Das Klicken des Kameraverschlusses ließ ihn zusammenschrecken, und genau in diese Schrecksekunde hinein wurde er mit dem fast unhörbaren Blatter „pianissimo" angerufen. Damit wurde der Bock vollends verwirrt und blieb für mehrere Sekunden stehen. Das Spiel ließ sich nach Angaben meines Großvaters mehrfach wiederholen, nach dem zweiten oder dritten Mal kümmerte der Bock sich gar nicht mehr um das Verschlussgeräusch. Ich selbst habe das nie ausprobiert, aber es müsste möglich sein, anstatt eines Kameraverschlusses beispielsweise einen trockenen Ast zu zerbrechen oder ein ähnliches „scharfes" Geräusch zu machen und da hinein leise zu blatten.

Der „Rückruf"

Manchmal geschieht es beim Blatten, dass ein Bock unansprechbar und unbeschießbar fast auf Griffweite herrumpelt, dass er dann etwas spannt und schreckend abspringt. Das kann durch Unachtsamkeit, Unkenntnis oder auch einfach nur durch eine dumme Situation passieren. Aber dann ist noch nicht unbedingt aller Tage Abend. Wieder gilt es, den Bock genau zu beobachten und ihm vor allem gut zuzuhören. Ist er lautlos weg, dann kann man sich ebenfalls nach einer Anstandsfrist lautlos schleichen, denn dann hat er genau begriffen, das die Angelegenheit eher unkoscher war. Aber wenn er schreckt,

Einen halb vergrätzten Bock kann man zurückholen.

speziell wenn er nicht dauerhaft und im Staccato schreckt, hat er lediglich gespannt, „dass da etwas war". Aber was genau, das hat er nicht begriffen. In der Situation gibt man sofort das Große Geschrei, und zwar ohne Handbremse. Man kann dazu auch Plätzen und Fegen und ein klein wenig Schrecken, man kann also einen ziemlichen Radau veranstalten. Dabei muss man aber die Ohren aufhalten und dem abgesprungenen Bock zuhören. Schreckt er weiter und geht das Schrecken immer weiter fort, dann ist vergeigt, und man kann einpacken. Aber in erstaunlich vielen solchen Fällen wird der Bock langsamer schrecken und bald aufhören. Dann sollte man mit dem Blatten weitermachen: Jetzt wird er unschlüssig, denn er hat ja den Todfeind nicht wahrgenommen, sondern nur irgendeine halb manifeste, halb diffuse Störung. Es hätte ja auch eine Gaiss sein können und – Gott bewahre! – ein fremder Bock dabei! Da will er halt doch noch einmal nachschauen, darum macht er kehrt.

Dass man bei diesem „Zurückrufen" eines solchen Bockes alle Sinne sperrangelweit offen haben muss, sollte klar sein. Der Bock kann auf eine freie Stelle hergehen – einer der ältesten Böcke, die ich je geschossen habe, tat das – oder er kann sich langsam und extrem vorsichtig herschleichen. An meiner Wand hängt ein kapitaler Zweijahriger, den ich – leider – so erlegt habe.

Fakt ist: Einen Bock, der – halb vergrätzt – abspringt, kann man durchaus zurückholen, vorausgesetzt man traut sich das.

Bock von der Gaiss wegrufen

Gelegentlich liest oder hört man von Blattjägern, die den Bock von der Gaiss weggerufen haben. Ich gratuliere jedem, der das geschafft hat. Mir selbst ist es nur ganz selten gelungen, meist nur für wenige Meter und wahrscheinlich in einem Stadium der Paarung, zu dem der Bock gerade fertig mit der Gaiss war. Manche meinen, dass man es in so einer Situation mit dem Kitzruf versuchen solle. Ich persönlich halte davon nicht sehr viel. Denn eine Gaiss weiß recht genau, wo sie ihr Kitz abgelegt hat. Der Jäger weiß das höchstwahrscheinlich nicht. Wenn der Kitzruf nun aus einer völlig anderen Ecke kommt, als der, in der das echte Kitz liegt, geht die Gaiss eher zu ihrem Kitz und nicht zum Rufer.

Verblatten

Es ist wohl einem jeden, der mit der Blatterei begonnen hat, dick ins Stammbuch geschrieben worden, dass man das Verblatten unbedingt zu meiden habe. Im Großen und Ganzen ist das auch ganz richtig. Man geht ja nicht zwischen Jakobi und Laurentius oder Mariä Himmelfahrt hinaus, um das Wild in seiner hohen Zeit zu vergrämen. Dennoch geschieht das, sei es aus Unkenntnis oder schierer Dummheit, und ich kann die Länder und Jagdherren verstehen, die die Jagd zur Paarungszeit des Wildes aus diesem Punkt heraus glattweg untersagen. Denn schließlich spielt man hier mit einer ganz kardinalen Sache herum, nämlich dem einem jeden Wesen innewohnenden, bestimmenden Wunsch nach Fortpflanzung und damit nach Erhalt der ganzen Art. Macht man etwas falsch, stellt man sich da dumm an – willentlich oder unwillentlich – wird die so getäuschte Kreatur womöglich nicht nur den nachgeahmten Ruf des Jäger scheuen wie der Teufel das Weihwasser, sondern auch den echten Ruf der eigenen Art. Dann ist „verblattet", und man kann es in dieser Gegend und sollte es möglicherweise im ganzen Gewann vollends bleiben lassen. Verblattet ist ein Reh, wenn es den Ruf eindeutig mit dem Menschen in Verbindung gebracht hat. Ob das nun ein Bock ist oder eine Gaiss, macht keinen Unterschied. Genau darum muss man diese Jagd mit so viel Umsicht ausüben, dass ganze Bücher darüber geschrieben werden.

Es gibt aber auch Situationen, in denen das Verblatten mit voller Absicht getan wird und werden soll! Paradoxerweise entstehen solche Situationen gern da, wo echte Jagd auf Rehwild stattfindet. Unser Reh ist dem einen der Hirsch des kleinen Mannes, dem nächsten ist es ein Abfallprodukt der Wildbahn, wieder einem anderen ist es ein kleiner brauner Knospenfresser – und dann gibt es diejenigen, denen das Reh eine faszinierende, spannende, nie vollends begriffene, nutzbare und aller Beachtung werte Wildart ist. Ich bekenne offen, dass ich so ein Fossil bin. Und da, wo ich auf Rehwild in dem Sinn „jagen" darf, dass der Begriff eine durchdachte, überlegte Nutzung der natürlichen Ressource „Rehwild" darstellt, da gibt es durchaus Böcke, die ich weder in der Blattzeit noch sonst irgendwann im betreffenden Jahr tot sehen will.

Will man einen Bock nicht tot sehen, kann gezieltes Verblatten sein Leben verlängern.

Solche Böcke verblatte ich dann ganz gezielt. Ich hole sie mir in den Wind, ich hole sie mir direkt ins Sichtfeld und sorge dabei dafür, dass ich auch wirklich gut sichtbar bin und als Todfeind Mensch wahrgenommen werde, ich blatte ihnen erst dann hinterher, wenn ich aufgrund ihres Schreckens sicher sein kann, dass sie echte Gefahr gewittert haben. Ich mache also bewusst und mit voller Absicht alles falsch, was man nur irgend falsch machen kann – und wenn ich dafür Grimassen schneidend, dämlich blökend und imbezil herumtanzend aus der Deckung auftauchen muss. Wenn mir dann so ein Bock abspringt und ich aus der Art seines Abspringens herauslesen kann, dass er genau weiß, wer hinter der Sache steckte, dann bin ich froh. Denn ich weiß dann auch, dass dieser Bock in dieser Blattzeit keinen letzten Bissen bekommt. Nächstes Jahr wird er wieder springen. Er hat dann zwölf Mal den Mond kommen und gehen gesehen. Zeit genug, um zu vergessen, und selbst wenn er nicht vergessen hätte: Übers Jahr ruft ihn wieder der Urinstinkt heraus, wenn ein Weib lockt.

Eifersuchtsblatten

„Eifersucht ist Leidenschaft, die mit Eifer sucht, was Leiden schafft." Man glaubt gar nicht, wie sehr diese menschliche Volksweisheit auf unser Rehwild zutrifft. Mit welchem Eifer der Bock sucht, sehen wir im Revier. Welches Leiden das schafft, das sehen wir in der Wildkammer. Eben noch jagte der rote Bock über die grüne Wiese, dann ist er vom Lebewesen zum Lebensmittel geworden. Diese Eifersucht des Bockes spricht man beim Blatten jedes Mal an, wenn man über das Locken hinaus und in den Sprengfiep geht, ebenso wenn man das Plätzen und das Fegen imitiert. Somit ist eigentlich ein recht großer Teil der Blatterei „Eifersuchtsblatten". Aber es gibt einige Experten, die mit dem Eifersuchtsblatten eine ganz bestimmte, recht brachiale Methode der Blattjagd meinen, über die ich hier ein paar Worte verlieren möchte. Es handelt sich nämlich um das Blatten direkt im Einstand eines bestätigten, reifen Platzbocks, der geschossen werden soll.

Der Stand, den man wählt, sollte tatsächlich mitten im Einstand liegen, aber dennoch ein gewisses Blickfeld bieten. Wenn man sich direkt in die Fichten- oder Buchenbürste stellt, springt einem der Bock auf die Füße und ist dann sofort wieder weg. Ideal sind kleine, etwas über zimmergroße Blößen in der Dickung. Da das Schussfeld sehr klein sein wird, schraubt man das Zielfernrohr auf die geringste Vergrößerung herunter oder nimmt es besser gleich ganz ab und schießt über die offene Visierung – dass die auch hingeht, sollte man natürlich vorher abgeklärt haben. Des Weiteren geht man immer zu zweit an den Stand, denn der Schuss muss in Sekundenbruchteilen fallen. Der Blattende setzt sich (am besten gut getarnt) auf den Boden, damit er dem Schützen nicht im Weg ist. Der Schütze steht gut gedeckt und ist nach allen Seiten hin schussbereit. Wenn beide bereit sind, wartet man erst einmal gute zehn Minuten zu. Man ist ja wahrscheinlich nicht gerade lautlos mitten durch die Dickung gelaufen und hat damit einiges an Unruhe gestiftet, die sich erst einmal verziehen muss. Nach dieser Wartezeit gibt der „Blatter" erst einmal ein paar wenige, verhaltene Kitzrufe ab. So wird geklärt, ob eine Gaiss herum ist. Wenn das der Fall ist, muss man sofort absolut regungslos verharren, denn wenn sie das Schrecken anfängt, ist an der Stelle für einige Zeit Hahn in Ruh.

Kommt keine Gaiss, dann geht man nach einer gewissen Wartefrist – wieder ist hier mit den Ohren das Gelände genauestens zu beobachten, ob etwas in der Dickung herumknackst oder ob Vögel warnen – ohne weitere Umschweife in den Sprengfiep, und zwar mit Plätzen und Fegen. Wie laut man das macht, hängt von der Größe und der Beschaffenheit des Einstandes ab, den man freilich genau kennen muss. Ist der Hausherr daheim, springt er binnen kurzer Zeit direkt her. Mehr als zwei- oder vielleicht dreimal muss man das Spiel nicht wiederholen. Kommt er nicht, ist er nicht da. Ist er aber da, dann kommt er mit an Sicherheit grenzender Wahrscheinlichkeit. Und dann muss es schnell gehen, denn er wird auf wenige Meter anspringen. Hier ist nicht viel Zeit zum Ansprechen oder zur Schussfreigabe, weswegen man diese Jagdart nur auf genau bekannte und möglichst unverwechselbare Böcke anwenden sollte. Unverwechselbar deswegen, weil es sonst recht schnell passieren kann, dass statt des alten ebenmäßigen Sechsers der ebenso ebenmäßige und dem Vater sehr ähnlich sehende Zwei- oder Dreijährige daliegt. Deswegen sollte man diese Jagdart auch nur mit fermen Bockjägern ausüben, die selbst auf den ersten Blick erkennen können, ob der Bock passt oder nicht. Ich habe es für die wenigen Situationen, in denen ich so – durchaus auch erfolgreich – gejagt habe, immer dergestalt gehalten, dass ich mit meinem Schützen *vor* Bezug des Standes Folgendes vereinbart habe: Ich gebe den Bock nicht durch ein halbgeflüstertes „Passt!“ oder „Schießen!“ frei. Das Einzige, was ich im Zweifelsfall von mir gebe, ist ein lautes und deutliches „Nein!“, und das gebe ich umgehend von mir. Mein Schütze weiß dann, woran er ist. Der Bock zwar auch, aber da er nicht passend war, macht es nichts, wenn er dieses Jahr nicht mehr aufs Blatten hereinfällt. Da der Schütze im Zweifelsfall direkt über meinen Kopf hinwegschießt, trage ich dabei immer einen Gehörschutz. Damit werden erstens meine ohnehin schon recht schlechten Ohren zumindest nicht noch schlechter, zweitens kann ich mit der elektronischen Verstärkung meiner Kopfhörer deutlich genauer und weiter in die Dickung hineinhorchen.

Ich wende diese Methode aber nur sehr, sehr selten an. Zum einen kenne ich auch im eigenen Revier die Dickungen und Einstände nicht alle aufs Haar genau, wie es für diese Form des Eifersuchtsblattens unbedingt notwendig ist. Denn die Dickungen gehören dem Wild und ich stapfe darin nicht herum.

Zum anderen habe ich nur ganz selten die Situation, dass ein ganz bestimmter Bock unbedingt in just dieser Blattzeit fallen *muss*, und wenn ich sie dennoch habe, habe ich fast immer genug andere Möglichkeiten, diesen Bock zu bekommen. Zum Dritten und Wichtigsten aber: Ich schaffe mit dem Blatten mitten im Einstand auf jeden Fall gewaltige Unruhe. So sehr ich auch den Wind beachte und genauestens prüfe, muss ich doch zum Stand und wieder zurück, und das werde ich kaum völlig heimlich hinbekommen. Habe ich mit meinem Schützen Erfolg, dann ist mitten im Einstand auf jeden Fall ein Schuss gefallen. Auch das muss nicht sein.

Am Wechsel in der Dickung

Albrecht und Jenke v. Bayern führen in ihrem Werk „Über Rehe" eine Methode an, mit der ein solcher „unbedingter Bock" einfacher und vor allem mit weniger Störung zu bekommen ist. Man kriecht dazu bei gutem Wind ein paar Meter in eine Dickung hinein, die a) im Einstand des Bockes liegt, b) einen Hauptwechsel hat, der c) eine Stelle bietet, an der man zumindest zehn Meter weit sehen kann. Dort setzt oder legt man sich, die Waffe im Anschlag, hin und blattet leise. Der Bock kommt mit hoher Wahrscheinlichkeit schnell und sehr nah. Ansprechen und Schuss müssen schneller passieren als der Bock Zeit hat umzuwerfen und abzuspringen.[20] Ich mache das für meinen Teil nur da, wo ich den Bock genau kenne und sicher bestätigt habe.

Indirektes Blatten

Gelegentlich liest man, dass sich beim Blatten zu zweit die beiden Jäger mit reichlich Abstand voneinander aufstellen. Entweder sind es zwei Schützen oder – wie beim eben beschriebenen Eifersuchtsblatten – ein Schütze und ein Blatter. Sie nehmen dann, je nachdem wie es das Gelände hergibt, dreißig bis vierzig Gänge voneinander Aufstellung. In jedem Fall sollte dabei einer auf dem Hochstand oder Drückjagdbock, auf jeden Fall erhöht stehen, der andere aber, der am Boden steht, sollte zumindest das rote Hutband

Ist der Bock nah heran und steht gut, ist schnelles Handeln gefragt.

tragen. Aber auch dann bleibt das eine Angelegenheit, in der unnötige Risiken eingegangen werden. Gerade bei einer so impulsiven Angelegenheit wie der Blattjagd ist es in meinen Augen leichtsinnig, die Gefahr einzugehen, dass einer der beiden nur noch den Bock sieht und den Bereich dahinter nicht mehr im Blick hat. Wenn es dumm dahergeht, steht dann just da der Jagdfreund oder Jagdführer in Lebensgefahr. Umgekehrt gesprochen: Man brummt sich selbst oder dem anderen Schützen dabei noch die Verantwortung auf, in jeder Situation doppelt und dreifach genau zu schauen, ob hinten alles frei ist, ob Gellergefahr besteht etc. Das muss alles nicht sein. Mit meiner bescheidenen Erfahrung von mehr als dreißig durchjagten Blattzeiten in den unterschiedlichsten Revieren im In- und Ausland habe ich noch nie eine Situation erlebt, in der es irgendein messbarer Vorteil gewesen wäre, hätte man weit voneinander Abstand genommen.

Zusammenfassung „Wie?“

- Der Gaiss zuhören und von ihr lernen.
- Mit Mut blatten!
- Kitzangstgeschrei äußerst selten anwenden.
- Großes Geschrei richtig einsetzen.
- Wild und Umgebung stets genauestens beobachten!
- Alle Laute kennen und beherrschen.
- Unterschied zwischen Paarungstrieb und Eifersucht erkennen.
- Fegen und Plätzen sind wichtige und gute Mittel.
- Kenntnis des Blattstandes und der Umgebung steigert den Erfolg.
- Nicht stundenlang am selben Platz blatten.
- Blatten beim Pürschen kann viel bringen (wandelnde Gaiss).
- Stille lässt den Bock verhoffen.
- Wenn der Bock da ist, ruhiger werden und steuern.
- Ins Schrecken des Bockes das Große Geschrei setzen.
- Verblatten bewusst anwenden.

III. KAPITEL

Wildbiologische Bemerkungen zum Thema

SETZZEIT UND BRUNFTBEGINN

Man fragt sich selbst und man fragt andere: „Wann geht es endlich los, kann ich schon blatten?“ Der eine erzählt, dass bei ihm die Böcke schon eifrig treiben, beim anderen ist noch komplette Stille im Revier. Wer immer an der Blattjagd Gefallen gefunden hat, kennt das: Je höher der Sommer steigt, umso drängender wird die Frage, wann es endlich losgeht mit der Blattzeit. Dabei ist es eigentlich eine relativ klar geordnete Angelegenheit. Blattzeit beginnt, wenn die Brunft dem Ende zugeht. Die Brunft beginnt, wenn die Gaiss auf den Eisprung zusteuert. Der Eisprung setzt aber zu einem ziemlich genau bestimmbaren Zeitpunkt ein, und der ist durch den Setztermin festgelegt. Der wiederum hängt vom Stadium der Vegetation im Frühjahr ab.

Dr. Hermann Ellenberg hatte, angeregt durch Bubenik, in den 70er Jahren des vergangenen Jahrhunderts eingehende Versuche in einem eigens dafür geschaffenen Gatter nördlich von Ingolstadt angestellt. Da diese Versuche von Herzog Albrecht v. Bayern gefördert und wissenschaftlich begleitet wurden, darf man ihnen getrost Glauben schenken, zumal sie von durchaus skeptischen Autoren wie z. B. Hespeler regelmäßig belegend zitiert werden. Ellenberg nennt für die Zeitspanne zwischen Setztermin und Brunftbeginn

Der Setztermin bestimmt den Brunftbeginn. Je nach Witterung und Äsungsangebot variiert der Zeitpunkt.

einen Wert von 60–64 Tagen[21]. Die Länge dieser Zeitspanne ist nach seinen Forschungen abhängig von der Kondition der Gaiss: Starke Individuen unterschreiten mitunter den Wert von 60 Tagen, sei es aufgrund besonders guter Konstitution, sei es, weil sie eines oder beide Kitze früh verloren hatten und daher im Frühjahr weniger beansprucht waren. Bei Schmalrehen ist eo ipso rein die körperliche Konstitution ausschlaggebend.

Nun ist das Ende eines Zeitraums ja bekanntlich immer auch durch dessen Beginn festgelegt. Dass die Setzzeit variiert, ist bekannt. Abhängig ist das von der Witterung und dem Energiezustand des Individuums, sprich vom Äsungsangebot vor dem Setztermin. Geburt, Laktation und Säugen stellen die Gaiss je nach Konstitution vorab in eine negative Energiebalance, und die wird von wildlebenden Tieren als lebensbedrohlich wahrgenommen. Das Tier wird also beinah alles tun, um diesen Zustand zu vermeiden oder zu mildern. Somit wird klar, dass die Setztermine unter den Gaissen variieren: Ist schlicht zu wenig Äsung vorhanden, wird später gesetzt. Ellenberg nennt zwischen frühestem und spätestem beobachteten Setztermin Zeiträume von teilweise mehr als einem Monat.[22] Für diese Zeitschwankungen sind das Alter der Gaiss, daraus folgend ihre Konstitution und die Entwicklung des Pflanzenangebots ausschlaggebend. Hat man im Revier einen milden Winter, früh Sonne und dennoch ausreichend Feuchtigkeit gehabt, wird auf den Äsungsflächen früher gutes Zeug vorhanden sein, mit dem das Wild seine Winterverluste ausgleichen kann. Ellenberg setzt den Höhepunkt der Setzzeit mit dem Schluss des Laubdachs gleich.[23] Einen stützenden Hinweis für seine Thesen bezüglich des Setztermins und seiner Varianz lieferte übrigens schon 1955 der Wildbiologe Walter Rieck[24], der zwischen 1936 und 1940 fast 17.000 Rehkitze markierte. Zwar setzt er die weiteste Ausdehnung der Setztermine von Anfang März bis Anfang September, aber 96 Prozent der Kitze wurden nach seinen Beobachtungen im Mai oder Juni zur Welt gebracht.

Nun hört man – speziell von Rehwilddezimierern – immer wieder, dass die genannten Winterverluste an Körpergewicht inzwischen nur noch ein vorgeschobenes Argument seien, da wir ja kaum noch echte Winter hätten. Aber unsere Rehe lernen halt leider nicht so schnell wie diese Herrschaften und gehorchen immer noch einem durch Jahrtausende der Evolution angelernten inneren

Kalender, der noch dazu nicht von Wind, Wetter oder Vegetation abhängt, sondern rein sonnengesteuert ist, und unser Zentralgestirn schert sich gleich einen Dreck um sogenannte „neueste wildbiologische Erkenntnisse". Es mag durchaus sein, dass die Winter früher schneereicher und härter waren als heute, wobei die meisten „früher" und „heute" immer noch aus der Erinnerung und damit aus der eigenen Körperwahrnehmung beurteilen. Was mir als fünfjährigem Knirps doppelt und dreifach „mannshohe" Schneewächten waren, übersteige ich heute recht locker. Und selbst das wäre vollends egal: Das winterliche Stoffwechseltief unserer wildlebenden Ruminatoren bemisst sich nicht an Temperatur oder Schneelage, sondern ausschließlich an der Menge des Tageslichtes: Je mehr wir auf Wintersonnwend und damit den kürzesten Tag des Jahres zugehen, umso mehr stellen sich die wildlebenden Wiederkäuer und damit auch das Rehwild auf karge Äsung ein. Sie vergröbern die Pansenzotten und verringern damit deren Anzahl. Denn jetzt gibt es karge, harte und zum größten Teil bereits verholzte Nahrung, aus der sehr viel mühsamer Energie gewonnen werden kann als aus frischem Wuchs. Die Nahrungsaufnahme wird um 30 bis 40 Prozent reduziert, die Kerntemperatur abgesenkt, die Bewegungsaktivität eingeschränkt.

Jagende Hunde haben jetzt ein vergleichsweise leichteres Spiel mit Rehen als sonst, und kommt es beispielsweise durch Drückjagden zu Energieverlusten, müssen die durch die Aufnahme des drei- bis vierfachen der normalen Tagesaufnahme kompensiert werden. Drückjagden im Stoffwechseltief verschlimmern daher meines Erachtens jede Verbisssituation! Wer glaubt, den als schädigend empfundenen Verbiss durch winterliche Rehwildbejagung zu senken, der erreicht also genau das Gegenteil.

Dieser Zustand des Stoffwechseltiefs hält unabhängig von Witterung und Angebot ziemlich genau bis zum Frühjahrsäquinoktium und damit dem astronomischen Frühjahrsbeginn zwischen am 20. oder 21. März an. Erst dann verkleinern sich die Pansenzotten wieder und werden mehr, erst dann kann ein Reh jede noch so gute Äsung überhaupt wieder richtig aufschließen und in Energie umwandeln.

Nun steht da eine Gaiss in der Landschaft und hat zwei Kitze in der Tracht. Dass die bald einmal herauswollen, das weiß sie genau. Dass sie das einiges an Kraft kosten wird, die beiden überhaupt ans Licht der Welt zu bringen, dass es sie noch mehr Kraft kosten wird, die Milch zu produzieren, von der diese kleinen Plagen in den nächsten sechs bis neun Wochen, also mithin bis kurz vor die Brunft hin, kaum genug werden bekommen können, das weiß sie auch (siehe dazu auch A. u. J. v. Bayern[25]). Darum ist es schon recht weise eingerichtet – für die einen von der Natur, für die anderen vom Herrgott, letztlich kommt es auf das Gleiche hinaus – dass die Setztermine an die Vegetationsentwicklung gebunden sind. Daraus ist übrigens abzuleiten, dass die Gaiss je nach persönlicher Konstitution und nach Nahrungsangebot vor der Setzzeit den Geburtstermin um mehrere Tage hinum und herum verschieben kann. Man sollte sich einmal vor Augen führen, was eine Gaiss mit zwei Kitzen an Energie allein für die Laktation und das Säugen braucht: Ellenberg errechnet einen Wert von ca. 250.000 kcal,[26] also etwas mehr als eine Million Kilojoule. Ein territorialer Bock, der ja auch noch die Einstandskämpfe zu bewältigen hat, braucht in der gleichen Zeit etwa ca. 150.000 kcal oder rund

Kitze aufzuziehen, kostet die Gaiss viel Energie.

630.000 Kilojoule. Die nicht unbeträchtlichen und ebenfalls auszugleichenden Energieverluste durch den Haarwechsel sind da noch nicht eingerechnet.

Die Gaiss befindet sich also während der gesamten Säugezeit permanent in einer prekären Energiebalance-Situation. Da nun unser Rehwild keine Fähigkeit hat, überschüssige Energie nach Abschluss des Wachstums in subkutanem oder intramuskulärem Fett zu speichern, legt es seine Reserven im Bauchnetz und vor allem im Nierenfeist an. Da passt weniger hinein. Eine Gaiss, die früh eines oder beide Kitze verliert, verringert daher ihren Energiebedarf und dementsprechend die Äsungsaufnahme (die ja auch Energie kostet) und wird somit auch bei karger Nahrung früher wieder in den Östrus und damit in die Brunft treten.

Die Beobachtung der Vegetationssituation im Frühjahr ist also von einiger Wichtigkeit, wenn man wissen möchte, wie es in der Blattzeit aussehen wird. Aber auch vor der Brunft sollte man sich anschauen, was an Äsung da ist und wie diese aussieht. Wir schreiben Hochsommer, da ist an frischem, weichem Grün, an saftigen Kräuteln und frischer Äsung nicht mehr viel da. Das Zeug ist hochaufgeschossen, hart und holzig. Zu dieser Jahreszeit kann die Ernährungssituation für die Gaiss noch härter werden. Durch das Säugen, das immer noch anhält, hat sie Energie eingebüßt, und je höher der Sommer steigt, umso schwerer kann es für sie werden, die Verluste auszugleichen. Hespeler schreibt unter Berufung auf mehrere Autoren über die Korrelation zwischen Gelbkörperanzahl bei der Gaiss und Anzahl des Nachwuchses.[27] Dabei zitiert er Ellenberg mit der Aussage, dass der Ernährungszustand der Gaiss in den zwei Wochen vor dem Eisprung ausschlaggebend für die Anzahl der zur Ovulation freigegebenen Eier ist und demnach auch für die Anzahl der gesetzten Kitze. Das wirkt sich mittelbar im weiteren Verlauf auch auf den Ablauf der Brunft aus: Setzt die Gaiss nur ein Kitz anstatt deren zwei oder gelegentlich sogar drei, ist ihre Energiebilanz deutlich besser. Sie kommt demnach früher wieder in den Östrus.

Was kann der versierte Rehwildjäger nun aus diesen Ausführungen für seine Blatterei mitnehmen? Zumindest so viel: Für den Beginn der Blattzeit ist eine sehr genaue Beobachtung der Setztermine, der Witterung um diese Zeit und der Zustand der „Gaissen-Gemeinde“ in seinem Revier eminent wichtig. Er will ja nicht nur so zum Spaß ein wenig im Wald herumblatten, er will seine vorausgeplante Strecke machen unter geringstmöglicher Beunruhigung des gesamten Bestandes. Er will mit anderen Worten effizient jagen. Nun will ich nicht sagen, dass man in einem vergleichsweise unbeobachteten und unbekannten Revier nicht ebenso der Blattjagd voller Freude und auch mit einigem – dann ob der Unverhofftheit nur noch schönerem – Erfolg nachgehen kann. Aber: Je höher die Kenntnis aller Revierfaktoren ist, umso größer wird der Jagderfolg sein. Das ist übrigens eine Binsenweisheit und es ist furchtbar traurig, dass so viele Jäger in den unterschiedlichsten Revieren mit unterschiedlichstem Wild diese einfache Wahrheit ungeniert außer Acht lassen. Das tut unserer Jagd nichts Gutes und dem Verhältnis von Wildstand und Biotop genauso wenig. Aber just zur Aufrechterhaltung dieser Balance sind wir gesetzlich verpflichtet. Wenn wir nun als Jäger in der Auseinandersetzung mit dem Gesetz und noch weit vor all dem mit der Natur gerecht werden wollen, dann müssen wir wach und gut bei der Sache sein. Ansonsten wird uns das Jagen genommen werden und vielleicht sogar zu Recht.

Wir pochen doch alle so wunderbar laut auf das „Grüne Abitur“. Es berechtigt uns hinauszugehen und zu jagen. Nun wird aber kein Wirtschaftsunternehmen einen reinen Abiturienten darangehen lassen, eine marode Firma wieder aufzubauen oder einem Betrieb zu erklären, wo seine akuten, seine systemischen und seine verborgenen Fehler liegen. So etwas wird ein junges Firmenmitglied langsam lernen müssen und können. Wir Jäger sollten da ähnlich vorgehen: die Jungen an der Hand nehmen, sie führen und gleichzeitig die Alten regelmäßig dazu anhalten, ihr vorhandenes Wissen zu vertiefen, zu verfestigen und erneut anzuwenden.

Der Verlauf von Brunft zu Blattzeit

„Sobald die erste Gaiss brunftig wird, beginnt die Blattzeit.“ Leider hört man solchen Unsinn immer wieder und immer noch – es sollte eigentlich längst Schluss damit sein. „Brunftigkeit“ bei der Rehgaiss bedeutet Paarungsbereitschaft. Das muss aber nicht notwendig mit dem Eisprung, dem Östrus, zusammenfallen. Schon die ersten Hormonschübe des nur wenige Tage dauernden Proöstrus können ausreichen, um die Gaiss brunftig werden zu lassen. Zudem treten nicht alle Gaissen – wie vorangehend beschrieben – gleichzeitig in den Östrus. Der Beginn der Brunft wird also ein fließender sein. Somit ist schon einmal die erste Hälfte des vorangestellten Satzes widerlegt. Denn nach unterschiedlichsten Faktoren von Witterung über Äsungsangebot und Wildstand bis hin zur Geländesituation des Reviers variiert die Sache. Hat man beispielsweise ein Revier, das sich von der Talsohle bis in den Berg hinauf erstreckt, werden Witterung und damit Vegetation in den verschiedenen Revierteilen unterschiedlich sein. Unten im Tal kann schon im März der Schnee weg sein, oben im Berg kann er sehr viel länger liegen. Zu glauben, dass wenn unten im Tal die ersten Anzeichen der Brunft zu sehen sind, diese auch oben im Berg schon stattfindet, ist falsch. Noch viel falscher ist es, wenn man glaubt, es gehe schon los, nur weil einem ein Freund in der sonnenbeschienenen Tiefebene erste Treibereien berichtet, man selber aber weit weg und viel höher lebt oder jagt.

Wenn die Gaiss ihren Eisprung hat, also die Chance auf eine erfolgreiche Paarung besteht, muss es relativ schnell gehen. Meist lässt sie in dieser einzig Erfolg versprechenden Phase ihres Zyklus die Begattung nur innerhalb weniger Stunden zu. Durch Pheromon-Ausschüttungen signalisiert sie dem Bock, dass dieser Zeitpunkt bevorsteht. Zudem macht sie es durch ihr Verhalten klar, also auch durch die Lockrufe, die wir auf dem Blatter nachahmen. Diese Zeitspanne des „Werbens“ dauert nach derzeitiger Erkenntnislage ein bis zwei Tage an. Den Beschlag lässt sie während dieser recht kurzen Frist nur für einige Stunden zu[28]. Wenn die Gaiss erfolgreich beschlagen ist, endet diese Zeitspanne, sie wird für weitere Böcke uninteressant. Ob nun der erste Beschlag durch einen Bock auch erfolgreich ist, ist nicht sicher. Es ist also zumindest denkbar, dass eine Gaiss einen oder mehrere Böcke zulässt, bis sie ihre Brunft aus Erfolgsgründen beendet.

Aus unterschiedlichen Beobachtungen in unterschiedlichen Revieren weiß man, dass die Mehrzahl der Gaissen ab der zweiten Julihälfte brunftig wird, wobei es immer Individuen geben kann, die erheblich früher in die Brunft

Das Werben dauert 2–3 Tage.

treten. Je nach Witterung und vor allem nach körperlicher Verfassung des jeweiligen Stücks wurde von Kalchreuther, Osgyan, Ellenberg und anderen Brunftigkeit zum Teil schon Ende Juni beobachtet. Aber wie eine Schwalbe noch keinen Sommer, so macht auch eine einzelne Gaiss noch keine volle Rehbrunft.

Wann die Brunft nun genau beginnt, kann man also mit Bestimmtheit und auf den Tag genau vorterminiert nicht sagen. Nur so viel lässt sich feststellen: Wenn die Mehrzahl der Gaissen brunftig ist, ist die Rehbrunft in vollem Gang. Dazu sind tägliche Beobachtungen im Revier durchaus aufschlussreich: Wie viele Gaissen stehen wann allein herum, wann sieht man die ersten alleinstehenden Kitze. Ersteres wird früher, letzteres später sein, nach meinen persönlichen Beobachtungen über mehrere Blattzeiten in unterschiedlichen Revieren markiert der erstere Fall den Beginn und der letztere den Zeitpunkt der Hochbrunft. Damit will ich aber nicht sagen, dass das Blatten vor dem ersten Beobachten alleinstehender Kitze keinen Sinn macht. Speziell am Anfang der

Den Beschlag lässt die Gaiss nur eine kurze Zeit lang zu.

Brunft werden gern einmal mehr Böcke als Gaissen „brunftig“ und suchen. Und wenn ein Bock sofort aufs Blatt springt, dann einer, der sucht. Aber welche Böcke nun schon so früh springen, das hängt gewaltig vom Aufbau der Population ab.

Autoren wie Richard Prior[29] oder Wolfram Osgyan[30] schreiben, dass ältere Böcke früher brunftig werden als jüngere. Nun haben beide in ihren Arbeiten Reviere beschrieben, in denen intensive und akribische Rehwildbewirtschaftung stattgefunden hat. Für die Reviere der Mehrzahl der Leser dieses Buchs wird das möglicherweise nicht zutreffen. Dennoch werden auch in solchen Revieren die stärkeren Individuen früher in die Brunft treten als die schwächeren. So sehr wir die Natur auch schädigen und malträtieren, das mit der Auslese nimmt sie weiterhin sehr ernst. Weil vor allem die Starken zuerst brunften, sollte das Blatten um die ersten Anzeichen einer Brunft herum unterbleiben. Draußen sitzen und beobachten sollte man aber durchaus, denn aus dem, was man da sieht, kann man rückschließen, wann dic Bedienung der „Rehklarinette“ sinnvoll ist und sich lohnt.

Ich nehme für diese „lohnende Zeit“ bzw. für die Markierung deren Beginns mehrere Zeichen her, genauer gesagt die Kombination aller Zeichen, die die Brunft hergibt. Dass man dazu Zeit braucht, versteht sich von selbst. Wenn einer sagt: „Ich gehe jetzt für drei Tage bei mir im Revier blatten“, dann hat er entweder a) sehr gute Ausgeher oder Berufsjäger, b) im Erfolgsfall unverschämten Dusel oder c) recht wenig Ahnung von der Blattjagd. Meine Reviergänge und die meiner Freunde, Ausgeher oder Berufsjäger verraten mir einiges – und die Beobachtungen von Spaziergängern, Hundeausführern oder Traktorfahrern noch einiges dazu. Bevor ich nun das, was ich als Zeichen und Beweise nehme, aufliste, muss ich dazusagen, dass das nur meiner Erfahrung und meinem schmalen Wissen entspringt. Ein jeder muss hier sein eigenes Wissen anwenden oder – so noch nicht vorhanden – erwerben. Vielleicht mag aber diese Aufzählung als Spickzettel dienen.

1) Sehe ich im Juli Gaissen allein und ohne Kitz stehen, ist es noch zu früh zum Blatten. Die Brunft hat erst begonnen.
2) Sehe ich viele Kitze allein stehen, ist das Gros der Böcke bei den Gaisssen. Allenfalls mit dem Kitzruf und allen Dingen, die es bei dessen Anwendung zu beachten gilt, kann ich guten Erfolg haben.
3) Sehe ich allenthalben Böcke treiben, ist mit dem Blatt wenig gewonnen, besonders wenn das Treiben mehr einem Verjagen gleicht, also im Wesentlichen nicht in Ringen, sondern geradeaus läuft. Da setze ich mich lieber mit gutem Blick auf Wechsel an und schaue, ob ein suchender Bock vorbeikommt. Sehe ich bei einer Pürsch viele Böcke in Kreisen und Achten treiben, dann ist die Brunft voll im Gange. Aber auch da sitze ich sinnvoller an einem Fleck, als dass ich das ganze Revier abpürsche.
4) Sehe ich allenthalben frische Fege- und Plätzstellen, dann gilt 3) auch hier.
5) Je mehr suchende Böcke ich sehe, umso mehr lohnt sich das Blatten.
6) Wenn viele Gaissen mitten in der hohen Zeit mit ihren Kitzen zu sehen sind, dann lohnt sich das Blatten meist richtig!

7) Stehen allenthalben Böcke bei der Gaiss, kann ich mir in den aufreibenden Blatttagen einen oder zwei Tage der Ruhe gönnen. Meistens mache ich das aber nicht, weil ich dazu zu passioniert bin.
8) Rührt sich nichts in Feld oder Wald, sind meist Mond und Wetter schuld und nicht der Nachbar.
9) An solchen Tagen lohnt sich der Ansitz am Wechsel.
10) Springen die Böcke wie im Lehrbuch, dann ernte ich ohne falsche Bescheidenheit!

Die Rolle der Gaiss im Brunftbetrieb

Die Natur ist nicht nur nicht dumm, sondern sogar weise. So sehr wir Menschlein auch versuchen, ihr ins Handwerk zu pfuschen, weiß sie es letzten Endes doch besser. Darum hat sie auch in beinahe allen Tierarten das weibliche Element zum bestimmenden Bestandteil der gesamten Paarung erhoben. Beim Reh ist das naturgegeben nicht anders. Wie wichtig die Gaiss für den gesamten Brunftbetrieb ist, ist stellenweise bereits angeklungen. Faktisch hat die Gaiss die absolut bestimmende Rolle in jedem Moment der Rehbrunft: Nur da, wo eine paarungsbereite Gaiss ist, wird auch Brunftgeschehen sein.

Viel Hirnschmalz wurde von sehr viel klügeren Menschen, als es der Autor dieses Buches für sich in Anspruch nehmen darf, auf die Frage verwendet, wer denn wirklich das territoriale Element in der Brunft sei: Gaiss oder Bock. Ich habe selbst viele Blatterlebnisse gehabt, die mich in summa glauben lassen, dass es weniger der Bock als die Gaiss ist. Seien wir doch einmal ehrlich: In der Brunft, also wenn die Hormone verrückt spielen und den größten Teil der Intelligenz mit Urtrieb und Verlangen überspülen, geht es drunter und drüber. Wir Menschen „brunften“ zwar das ganze Jahr über, aber wenn es uns sogenannte „Herren der Schöpfung“ richtig packt, dann ist das Hirn halt auch überall, nur nicht im Kopf. Da werden vielleicht noch in einem Anflug von Restintelligenz elementare Maßnahmen zum Schutz vor Entdeckung und eventuell vor Empfängnis unternommen, aber ansonsten gehen wir da durchaus Risiken ein, die uns im halbwegs nüchternen Zustand als völlig unverantwortlich erscheinen. Die Damenwelt ist in dieser Situation zumeist erheblich schlauer und überlegter als die Mannsbilder. Die – mehr oder minder – holde Weiblichkeit auf zwei Beinen achtet schon um einiges genauer darauf, dass a) das eigene Haus sauber, b) der eigene Einflussbereich auch das, was er ist und c) die ganze Unternehmung einem übergeordneten Zweck untergeordnet bleibt. Ob dieser Zweck nun der Lustgewinn, die eigene soziale Sicherheit oder schlicht die Fortpflanzung oder eine Mischung aus zwei oder allen Teilen ist, das sei einmal dahingestellt. Vielleicht sind wir hier tatsächlich an dem Punkt, der den Mensch vom Tier unterscheidet. Letztlich bleibt Goethe, und das sprichwörtliche „Gold“ darf hier sicher substituiert werden: „Am Weibe hängt, zum Weibe drängt doch alles.“

Beim Rehwild ist das nicht groß anders. Ist die mehr oder minder holde Weiblichkeit nicht im ausreichenden Maße vorhanden, dann wird jede Hofiererei weit hinter den Erwartungen zurückbleiben. Sprich: Habe ich nicht

Gaiss stampert aufdringlichen Jahrling weg, der treiben wollte.

genug Gaissen im Revier, dann kann ich die Blattjagd eigentlich weitgehend vergessen. Die Böcke werden sich in der Brunft bereits so ausgepowert haben, dass sie, wenn alle Gaissen beschlagen sind, keinerlei wie auch immer geartetes, ernsthaftes Interesse an weiteren Liebesspielen haben. Sie mussten ja stunden- und meilenlang über Land laufen, um überhaupt ein Weibsbild zu finden. Ich gebe aber gern zu, dass diese Situation des Gaissenmangels nur in sehr, sehr wenigen Revieren vorkommen wird. Mir ist persönlich keines bekannt.

Ähnliches gilt aber auch, wenn deutlich mehr Gaissen als Böcke vorhanden sind. Wenn ein Bock elendsweite Strecken im Revier herumrasen musste, um all die selbst gezeugten und zugewanderten Nebenbuhler abzuschlagen, wenn er dauernd darauf bedacht sein musste, dass ihm seine jeweils auserkorene Dulcinea nicht nach dem nächstbesten Kerl schielt, dann wird er – hat er einmal alle seine Gaissen bedient – auch selbst bedient sein. Da kann ich dann freilich im Wald herumpfeifen und -flöten aus Leibeskräften – aber ein Bock, der das in dieser Situation hört, denkt sich allenfalls: „Nicht schon wieder!“, und bleibt da sitzen, wo ihm das Zeug in den Äser wächst.

Sprich: Ein Gaissenabschuss gehört nun einmal zur ganzen Sache dazu. Man kann den auf Pürsch und Ansitz machen, man kann ihn durchaus auch auf dem Riegler vornehmen. Hier ein kleiner Hinweis an (fehl-)forstlich geprägte Rehwild-Vertilger: Wenn man bis in die letzten Jännertage auf alte und ab Anfang Mai auf schmale Gaissen bedenkenlos Dampf gemacht hat, wenn man auf den Winterdrückjagden auf Böcke geschossen hat und dann gleich im Mai wieder damit in voller Gewalt anfängt, dann wird man zur Blattzeit besser zu Hause bleiben. Denn da geht dann nämlich nicht mehr viel, weil das Geschlechterverhältnis völlig aus den Fugen geschossen wurde. Dem Wald dient das freilich in keiner Weise: Das Rehwild wird schon lange völlig heimlich geworden sein, sodass man es ohnehin nur noch bei einer „à la parforce“ gehaltenen Drückjagd eventuell in Ansicht bekommt. Da schießt man dann „ohn’ Ansehen von Person und Geschlecht“, und so bedient man die Abwärtsspirale fröhlich weiter. Dass beim Schuss aufs Reh in der normalen Flucht das Wildbret in acht von zehn Fällen komplett zuschanden geschossen wird, das sei hier nur der Vollständigkeit des einschlägigen Sündenregisters halber erwähnt. Flüchtet das Rehwild so, dann taucht es aus der Vegetation auf und ab wie ein Delphin aus den Meeresfluten. Da müsste schon ein Schütze stehen, der sich zum einen genau mit dem Rehwild auskennt und zudem eine sehr saubere Kugel schießt, wollte er in allem Anstand vor Wild, Herrgott und Jagdherr Strecke machen. Wenn Rehe in echter, wahrer Hochflucht kommen, sind sie erheblich leichter zu schießen als in dem eben beschriebenen Auf- und Abtauchen. Denn dann fliehen sie flach wie ein Hase und in einer Linie, und es ist nur noch der richtige Vorhalt zu nehmen – wobei auch das geübt und gekonnt werden muss.

Wenn ich das schreibe, dann muss ich dazusagen: Es ist nichts gegen einen gut durchgeführten Rehwild-Riegler einzuwenden. Er läuft aber völlig anders ab als eine Drückjagd auf Sauen: Hunde laufen nicht mit, es sind nur sehr wenige Treiber mit wenig Lärm unterwegs, die Anordnung der Stände ist völlig anders. Auf einem solchen Reh-Riegler wird das allerwenigste Wild in der Flucht geschossen werden, das meiste kommt im Verhoffen zur Strecke. Denn da kann man auch ansprechen. Zudem muss bei so einer Jagd der jeweilige Stand genau gewählt sein. Wenn sich das Schwarzwild unter Druck mit hoher Intelligenz neue und sichere Flachwechsel sucht, so nimmt das angerührte (und mehr darf es nicht sein!) Rehwild seine gewohnten Wechsel an. Aber wir haben es hier mit einem nur über kurze Distanzen flüchtenden Wild zu tun, und diese Distanzen sind genau definiert: Sie reichen von einer Deckung (nicht notwendigerweise Dickung) zur nächsten. Steht der Schütze nun auf einem strukturlosen Stand, sei es im Hochwald oder an einer Freifläche, so wird er zumeist nur normal flüchtendes Rehwild in Anblick bekommen und dementsprechend wenig Gelegenheit zum Schuss haben. Wenn man also seinen Gaissenabschuss auf der Drückjagd erledigen möchte, dann muss man das Ding auch richtig angehen. Damit soll dieser kurze Ausflug abgeschlossen sein.

Trotzdem gilt: Wenn man ernsthaft Rehwildhege betreiben will – ein dafür geeignetes Revier ist natürlich Voraussetzung –, dann ist der selektive Gaissenabschuss unumgänglich. Er bedingt aber genaueste Kenntnis des Wildes und des Wildstandes, denn die „Mutterleistung“ der Gaiss muss in die Selektion miteinbezogen werden. Ein quasi „Zuchtbuch“ zu betreiben, in dem man aufzeichnet (oder versucht aufzuzeichnen), welche Gaiss welche Böcke hervorgebracht hat, ist zum einen müßig und zum anderen hat es kaum noch etwas mit dem Begriff „Wild" zu tun. Aber: Ein wichtiges Merkmal beim Gaissenabschuss ist die Körpergröße. Nicht, weil eine starke Gaiss grundsätzlich starke Kitze bringt, sondern weil eine körperlich starke und gesunde Gaiss besser imstande ist, ein starkes Kitz durchzubringen als eine körperlich schwache. Hier sei noch einmal auf Ellenbergs Berechnung hingewiesen: Eine Gaiss, die zwei Kitze durch die Säugezeit bringen muss, verbraucht an die 250.000 kcal oder etwas mehr als eine Million Kilojoule. Dass man eine starke von einer schwachen Gaiss beim Einzelabschuss deutlich besser unterscheiden kann als auf einem Riegler, liegt auf der Hand.

Die Entnahme von Schmalgaissen tätigt man am besten im Frühjahr nach dem Setzen. Hier lässt sich am Gesäuge am besten sehen, ob Kitze da sind oder nicht. A. und J. von Bayern empfehlen einen Zeitraum vom 1. Juni bis 10. Juli.[31] Bis in den Juni hinein kann noch gesetzt werden, zudem ist dann auch in kargeren Revieren die Äsung meist so weit, dass die winterlichen Gewichtsverluste ausgeglichen sind und die körperliche Verfassung des Stückes besser beurteilt und angesprochen werden kann. Eine Schmalgaiss, die Anfang Mai noch klappermager dasteht, und eventuell geschossen würde, kann Anfang Juni bereits kräftig und feist sein. Dass sie einen großen Rahmen hat, der erst gefüllt werden muss, das hat man im Mai vielleicht übersehen. Um die Monatsmitte des Juli herum läuft die Säugezeit aus, die Gesäuge sind dann leer getrunken und bilden sich relativ schnell zurück. Dann besteht ernsthafte Verwechslungsgefahr. Allein schon deswegen empfiehlt es sich, bei der Jagd auf Rehwild immer ein hoch vergrößerndes Doppelglas oder ein Spektiv dabeizuhaben, mit dem man erheblich präziser ansprechen kann als mit dem einfachen Glas.

Lange Zeit hielt sich die Lehrmeinung, dass nur der Bock territorial sei, wahrscheinlich weil man ihn sein Revier markieren und verteidigen sieht. Allerdings hat die Gaiss ebenso ihr Zuhause und damit ihr Territorium, das sie recht genau hält. Regelbestätigende Ausnahmen gibt es zweimal im Jahr, wenn die Gaiss dieses Zuhause verlässt. Das erste Mal kann das zur Setzzeit

Der Anteil wandernder Gaissen ist in der Brunft höher als der der wandernden Böcke.

geschehen, besonders im Gebirge zu erleben, wo Rehe in steilen Lagen ihre Einstände haben. A. u. J. v. Bayern und andere Autoren berichten, dass Gaissen dann zum Setzen in flachere Gebiete ziehen. Man nimmt an, dass das damit zu tun hat, dass sich die noch unbeholfenen Kitze im Ebenen besser aufhalten können als im Steilhang. Allerdings habe ich diesen Umstand auch in ausgesprochen flachen Revieren beobachtet, nämlich dass Gaissen, die relativ unruhige oder äsungsschwache Einstände haben, in bessere Revierteile umsiedeln und dort setzen. Es ist interessant, dass in solchen „Kinderstuben" relativ viele Kitzgaissen zusammenstehen und sich nicht aneinander stören, zumindest so lange, bis die Kitze aus dem Gröbsten heraus sind.

Der zweite Moment, zu dem die Gaiss ihr Territorium gegebenenfalls verlässt, ist in der Blattzeit. Ich kann bislang zwei Gründe festmachen, warum so etwas geschehen kann. Zum einen hatte ich in den Anfangsjahren in meinem englischen Revier, als das Geschlechterverhältnis einen extremen

Gaissenüberhang aufwies, immer wieder suchende Gaissen erlebt, so gut wie nie aber einen suchenden Bock. Wenn Herrenmangel besteht, greift automatisch die Damenwahl. Es kann aber auch in Revieren mit einem gut ausgewogenen Geschlechterverhältnis zu solchen Gaisswanderungen kommen. Der Wildbiologe Robin Sandfort berichtete anlässlich der österreichischen Jägertagung 2015 von einem solchen Fall[32]: Eine besenderte Gaiss in einem Revier in den steirischen Alpen, die 364 Tage im Jahr ein relativ kleines und gut eingrenzbares Streifgebiet hatte, verließ in der Brunft dieses Gebiet und stellte sich in einen Revierteil, der fast 2 km Luftlinie von ihrem festen Einstand entfernt lag. Als Grund führte Sandfort unter Bezugnahme auf mehrere nicht näher genannte Studien an, dass die Gaiss auf der Suche nach einem geeigneten Paarungspartner war.

Rehwild versucht zum einen die Reproduktion sicherzustellen und dabei zum anderen Inzucht zu vermeiden. Der Gaiss waren offenbar die Böcke, die im Umgriff standen oder zogen, zu nah verwandt. Andere Untersuchungen beispielsweise aus den Bayerischen Wald oder aus Frankreich, Norwegen und Italien belegen das. Interessant an diesen Studien, die in einem Artikel der Nationalparkverwaltung bayerischer Wald zusammengefasst wurden,[33] ist, dass der Anteil wandernder Gaissen in der Brunft bei Weitem höher ist als der der Böcke.

Jahrlinge in der Brunft und einige Worte zur Intervalljagd

Gelegentlich kann es auch einem Fünfzigjährigen mit gut dreißig Jahresjagdscheinen auf dem Buckel recht warm unterm Frack werden. Nämlich dann, wenn deutlich erfahrenere Respektspersonen beginnen, jagdliche Sachfragen zu stellen. Die Schwester meiner Mutter und damit ebenfalls Schülerin des wohl größten Rehwildkenners des letzten Jahrhunderts stellte mir angelegentlich diese Frage: Wie kann es sein, dass mitten in der Blattzeit ein Bock auf der Wiese steht und keinerlei Notiz davon nimmt, dass ein Jahrling vor seiner Nase bei einer Gaiss aufreitet?

Jahrlinge nehmen, wenn sie nicht komplett kindlich geblieben sind, durchaus aktiv an der Brunft und der Blattzeit teil. Anders als der Hirsch, der den Brunftbetrieb lernen muss (je heftiger und häufiger ein Hirsch schreit, umso jünger ist er wahrscheinlich), versteht auch schon der Jahrling das elementare Handwerk zur Fortpflanzung recht gut. Es sind aber zumeist die Schwächeren, die mehr oder minder ungestraft auch einmal ran dürfen. Sie werden vom älteren Bock schlicht nicht für voll genommen. Etwas Ähnliches kann man auch im Frühjahr beobachten, wenn die Einstandskämpfe toben.

Jedes Revier hat nun einmal seine Grenzen, auch solche des Bestandes. Mithin müssen Rehe abwandern. Es sind zum weitaus größten Teil die Jahrigen, die weichen müssen, und von denen vor allem die Starken! Mehrere Beobachtungen und Studien haben das gezeigt, und wenn man genau hinschaut, kann man das im eigenen Revier erleben. Jahrlinge, die körperlich stark sind und optisch einen eher erwachsenen Eindruck machen, werden relativ umgehend von älteren Böcken weggejagt. Sie werden als Konkurrenz begriffen und ernst genommen. Das, was an Jugend schwach und klein auf der Wiese steht und aus großen Kinderaugen erstaunt in die Welt schaut, wird geduldet. Deswegen ist es meines Erachtens auch eher wenig zielführend, wenn man reife Böcke nur im roten Frack erlegt.

Wenn ein Bock alt ist, dann hat er sich lang genug im Revier aufgehalten und ausreichend vermehrt. Aber wenn ich die ganzen Alten stehen lasse, bleibt mir von der Jugend nur das schwache Geraffel im Revier. Dass ich im Frühjahr, wenn ich einen guten und vielversprechenden Jahrling in der gleichen Ecke wie einen indifferenten mittelalten Bock sehe, den älteren der beiden schieße, um den Jahrling gleichsam „freizuschneiden“, das ist das Eine. Aber genauso gut darf ich im Frühjahr auch gelegentlich einen reifen, guten alten Bock erlegen, der auf der Höhe ist und mich daran freuen. Ich kann davon ausgehen, dass es genug gute Jahrlinge gibt, die einen dadurch frei werdenden Einstand dankbar übernehmen und damit bei mir im Revier bleiben. Der Alte ist zwar in der Brunft nicht mehr da, aber dafür gibt es ja noch andere. Und der gute junge Bock wird, wenn ich entsprechend aufpasse, auch einmal ein guter alter Bock.

Wer guten Jahrlingen ein Territorium „freischneidet", hält sie im Revier.

Wenn ich diesen „Freischnitt" nicht vornehme, wandert der gute Nachwuchs ab. Wenn das aufgrund der Reviergegebenheiten (Autobahnen, Schnellstraßen etc.) oder der Nachbarreviere (zu hoher Rehwildbestand etc.) nicht möglich ist, kann es dazu kommen, dass gerade der gute Nachwuchs in schlechte Reviereckken gedrängt wird, dort im Schlechten steht und daran kümmert. Möglicherweise werden mir weitere Jahrlinge vom Nachbarn zuwandern, ebenfalls keinen brauchbaren Einstand finden und die im Zweifel ohnehin schon angespannte Äsungs- und Einstandssituation noch weiter verschlechtern. Zudem wird der Wildstand zu hoch, mit allen negativen Folgen – unter anderem der der Unruhe. Und nichts scheut ein alter Bock so sehr wie die. Eher wandert er dann selber ab und wird wahrscheinlich jenseits der Reviergrenze umgehend mit dem letzten Bissen versehen. Denn: Wer sonst nichts schießt oder schießen mag, einen alten Bock schießt jeder gern und allemal.

Wie wichtig der richtig gemachte Jahrlingsabschuss nicht nur für das ganze Revier, sondern auch für eine erfolgreiche Blattzeit ist, darauf wird von manchen gern vergessen. Die wundern sich dann meist sehr, dass in der Blattzeit vornehmlich jahrige Böcke springen, und die wenigen, die keine Jahrlinge sind, sind auch noch nicht vom Alter geplagt und gepeinigt. So kommt dann aufs Blatt ein Jahrling vorbei, der auf dem Haupt gar nichts zeigt. Oft wird er umgeschossen, und man freut sich dann in der Wildkammer am hohen Wildbretgewicht. Das ist dann wirklich ein *Schadbock* gewesen: Schad' drum, denn aus dem hätte noch was werden können. Er war optisch nicht reif, darum wurde er von den älteren Geschlechtsgenossen nicht für voll genommen und zu seinem Unglück erlegt. Dass er im ersten Jahr alles in das Skelettwachstum gesteckt hatte und wenig für seine Stirnprotuberanzen (Dank an Friedrich v. Gagern für diesen Begriff!) übrig behalten hatte, das war dem Bock nicht bewusst. Der Jäger hat es wahrscheinlich gar nicht begriffen, sondern nur gesehen: Knopfer, Bumm – Dumm!

Nicht umsonst wird in Revieren, die für ihre gute Blattzeit berühmt sind (wie beispielsweise die Fürstenberg'schen Reviere), die Jagd aufs Rehwild in Intervallen ausgeführt und darin sehr genau genommen. Im Frühjahr werden in zwei bis drei Wochen vor allem Jahrlinge und Schmalgaissen bejagt. Mittelalte, indifferente Böcke können in geringer Zahl geschossen werden, wenn ein guter Jahrling im gleichen Eck steht. Einige sehr wenige gute alte Böcke dürfen auch genommen werden. Dann herrscht Ruhe bis zur Blattzeit, in der die alten und die wenigen noch übrigen mittelalten Böcke entnommen werden. Danach ist abermals Hahn in Ruh, auf jeden Fall bis Mitte September. Das Rehwild hat abgebrunftet, und wer einmal einen Bock am Ende der Blattzeit geschossen und aufgebrochen hat, der wird wissen, was das heißt: Da ist kein Rest Feist mehr im Körper. Das Bauchnetz ist durchsichtig und dünn, die Nieren liegen bloß im Becken. Das Stück hat erst vom Überschuss und dann von der Substanz gezehrt und ist im Wildbret schwächer als davor. Das muss wieder aufgefüllt werden.

In manchen Revieren geht das ganz gut, wenn ausreichend fruchttragende Hecken da sind und Brombeerschläge im Wald, wenn Wildäcker angelegt wurden, wenn der Bauer nicht jeden Quadratzentimeter Frucht mit dem Mähdrescher abgeerntet hat. Auf den Wiesen gibt es noch etwas, wenn auch nicht mehr wirklich viel, vorausgesetzt sie wurden rechtzeitig gemäht. Ansonsten steht da nur noch holzig verdorrtes Stängelwerk, was nicht recht schmeckt und nichts Rechtes bringt. Wer Brombeeren im Revier hat, findet sein Wild jetzt dort. Eigentlich wäre jetzt in recht vielen Revieren genau die richtige Zeit, die Fütterungen zu beschicken, aber ein angeblich weiser Gesetzgeber, der stets genau den „neuesten wildbiologischen Erkenntnissen“ folgt, die ihm seine Klientel ins geneigte Ohr flüstert, hat genau das verboten. Aus seiner Sicht wird das schon sinnvoll gewesen sein, denn die Wiederwahl des Abgeordneten ist der einzige Sinn, den der demokratische Politiker hat. Ob das dem Wild auch taugt? Wurscht, es wählt ja nicht.

Meine Leser werden mir diesen kurzen Exkurs hoffentlich verzeihen. Wenn das Wild sich seine Feiste für den Winter anlegt, dann sollte man – wir Jäger zumindest – es tunlichst dabei nicht stören. Die vielen Menschen, die unsere Reviere zum Zweck der Erholungsuche bevölkern, schaden im Gros da relativ wenig. Sie halten sich zumeist an die Waldwege, das Wild kennt das und richtet sich danach. Aber wenn es bis tief in den September immer noch überall kracht, dann ist das alles andere als gut. Wenn die Feiste wieder da ist, wo sie hingehört, nämlich im Reh, dann kann man den noch notwendigen Abschuss an Gaiss und Kitzen vollziehen. Ab Wintersonnwend und damit ab Beginn des Stoffwechseltiefs hat dann Schluss zu sein. Zu diesem Thema wurde anfangs des Kapitels im Abschnitt „Setzzeit und Brunftbeginn“ schon genug gesagt.

Über das im Zusammenhang mit dem Intervalljagd-Prinzip von manchen automatisch genannte System der Schwerpunktbejagung sei Folgendes angemerkt: Die Schwerpunktbejagung dient einem einzigen Zweck, nämlich dem, ein bestimmtes Areal unattraktiv für das Rehwild zu machen. Wild muss bei jedem Aufsuchen einer Äsungsfläche zwischen zwei Aspekten abwägen, die beide dem Überleben dienen: Nahrungszufuhr und Gefährdung durch Prädatoren, zu denen auch und ganz besonders der Mensch zählt. Sandfort spricht von der „Landschaft der Furcht“[34], die dadurch entsteht und zeigte in seinem bereits zitierten Vortrag 2015 sehr deutlich, dass Rehwild stark bejagte Flächen meidet und in der Deckung bzw. Dickung bleibt. Dort wartet es allerdings nicht „däumchendrehend" ab, sondern nimmt, was ihm in den Äser wächst. Und in der Dickung sind das zumeist die Baumtriebe, von denen es eigentlich den Äser lassen sollte. Wer also meint, er müsse in seiner Bejagungsstrategie auf Rehwild zur „Schwerpunktbejagung" Ausflucht nehmen, dem geht es wahrscheinlich vor allem um Zahl, und danach um Zahl. Um Wahl geht es da nicht mehr. Solcher Jäger Blattjagd orientiert sich nur danach, dass überhaupt irgendetwas springt, wenn sie die überhaupt betreiben. Somit sind sie wahrscheinlich nicht einmal bis hierher gelangt. Sollten sie es doch sein, dann mögen sie bitte begreifen, dass ihre Rasenschnittmethodik im Wesentlichen das Gegenteil von dem bewirkt, was sie damit bezwecken.

Fazit: Springen in der Brunft viele Jahrlinge, dann ist die Altersstruktur des Reviers in Unordnung. Wäre sie in Ordnung, würden die Buben nicht springen, allein schon aus Angst vor Watschen der älteren Böcke. Die Jahrlinge, die springen, sind zumeist die Schwachen, denn die Besseren haben bereits

Springen viele Jahrlinge, sind nicht genug alte Böcke im Revier.

ihre Tracht Prügel von den älteren Böcken bezogen. Diese schwachen Jahrlinge habe ich sinnigerweise bereits im Mai in die Wildkammer gehängt. Dann stören sie auch in der Blattzeit nicht mehr. Da, wo ich im Frühjahr w i r k l i c h gute Jahrlinge gesehen habe und entweder einen wirklich reifen, alten Bock oder einige halbalte und halbgare Herren, habe ich den Jahrling freigeschnitten. Diese Plätze lasse ich aber in der Blattzeit weitgehend unberührt.

Um auf die eingangs gestellte Frage zurückzukommen: Wenn ich zwei-, dreimal sehe, wie ein Jahrling in der Brunft zum Zug kommt, dann freue ich mich mit ihm und denke mir nichts weiter dabei. Er wird – ist das Revier ansonsten in Ordnung – fast unweigerlich ein schwacher Bock sein. Sehe ich das aber deutlich öfter, dann habe ich meinen Jahrlings- und meinen generellen Abschuss nicht so gehandhabt, wie ich das vielleicht hätte tun sollen.

Das Gute daran: Solche Fehler lassen sich innerhalb einer Generation wieder ausmerzen. Nun wird eine Generation in grob dem Umfang bemessen, den der Durchschnitt der Altersdifferenz aller Kinder zu dem des Elternalters beträgt. Wer mag, kann das kompliziert ausrechnen. Alle anderen peilen hier über den Daumen und kommen ungefähr bei der Hälfte der durchschnittlichen Lebenserwartung des Individuums heraus. Daraus ergibt sich: Drei oder vier Jahre Disziplin, und man ist wieder auf dem Niveau, auf dem man sein und das man dann auch bitte beibehalten sollte. Wenn man sich daran richtet, dann kann nicht allzu viel schiefgehen. Unser Rehwild verzeiht viele Fehler. Nur solche, die nachhaltig gemacht werden, die verzeiht es nur schwer und lässt uns alle die Folgen spüren. Darin ist es ein wirklich guter Erziehungsberechtigter für alle, denen Wild und Wald in egal welcher Reihenfolge der beiden Begriffe ehrlich und ernsthaft am Herzen liegen.

Hilfen zur Intervalljagd

Es ist immer hilfreich, wenn man sozusagen eine Daumenregel für Planungen im Repertoire hat. Hans Caspar Graf zu Toerring-Jettenbach hatte mir, als ich mein englisches Revier um die Jahrtausendwende bekam, große Hilfe in der Jagdplanung geleistet. Unter anderem hat er mir mitgeteilt, wie er in seinen oberbayrischen Revieren den Abschuss nach Jahreszeit und Altersklassen handhabt. Seine Ansätze, die sich stark an denen meines Großvaters in Weichselboden orientieren und die von meinen Eltern im Allgäu ebenso und später auch von mir – soweit gesetzlich zulässig – in England mit Erfolg angewandt wurden, will ich hier ebenfalls angeben. Sie sind in den vorhergehenden Abschnitten bereits zumindest angerissen worden. Die Zeitangaben sind keinesfalls so zu verstehen, dass während des gesamten Zeitraums Jagd auf die betreffende Alters- oder Geschlechtsklasse gemacht werden soll und darf. Man nehme sich einen Zeitraum von 10, maximal 14 Tagen, um das jeweilige Intervall abzuarbeiten.

Jugendklasse:
Jahrlingsböcke ca. 13 % des Jahresabschusses, 01.05.–15.06.
Schmalgaissen ca. 13 % des Jahresabschusses, 01.05.–15.06.
Kitze ca. 33 % des Jahresabschusses, 01.09.–15.12.

Mittelalter:
2–3-jährige Böcke ca. 5 % des Jahresabschusses, 01.06.–15.10.
2–3-jährige Gaissen ca. 5 % des Jahresabschusses, 01.09.–15.12.

Altersklasse:
4–6-jährige Böcke ca. 15 % des Jahresabschusses, 01.06.–15.10.
4–6-jährige Gaissen ca. 15 % des Jahresabschusses, 01.09.–01.12.

Auch wenn ich mit einigen dieser Parameter nicht völlig konform gehe (beispielsweise schieße ich mittelalte und alte Böcke durchaus, wenn auch in Maßen, im Mai und beginne den Gaissenabschuss um gut 14 Tage später), so halte ich doch diese Auflistung und besonders die sinnige prozentuale Verteilung für eine sehr gute Richtschnur.

IV. KAPITEL

Ansprechen

Bei der Blattjagd kommt es darauf an, in kürzester Zeit so sauber wie irgend möglich ein Stück Wild auf sein Alter, sein Geschlecht und seine Abschussnotwendigkeit anzusprechen. Wir haben ja in der Regel nur ganz wenig Zeit dafür, oft sind es nur Sekundenbruchteile. In dieser extrem kurzen Zeit muss der Jäger erkennen, was er da vor sich hat. So etwas geht nur mit viel Erfahrung. Deswegen gilt es, so oft wie es nur irgend geht, draußen zu sein und das Wild einfach nur anzuschauen – und dann erst anzusprechen.

Hat man so einen Bock draußen auf der Wiese vor sich stehen, dann ist das mit dem Ansprechen eine relativ einfache Angelegenheit. Es gibt bestimmte Parameter, die man sich genau anschaut und dann gegeneinander abwägt. Daraus ergibt sich ein Bild, dem man vertraut oder nicht. Diese Diskrepanz lasse ich bewusst und aus eigener Erfahrung stehen, und das mit Grund. Denn hat man sich vermeintlich genug Rehe angesehen, dann meint man recht unweigerlich, man hätte diese Sache mit dem Ansprechen gemeistert und überhaupt: So ein großes Ding sei das gar nicht gewesen. Ich selbst habe eine ganze Reihe von Jahren auf dieser Position fröhlich weitergejagt. Aber wie es halt so ist: Entweder belehrt einen die Realität oder ein deutlich erfahrenerer Jäger eines Besseren. Und dann zeichnet man die innere Lernkarte der Ansprechmerkmale neu. Man sieht sie sich neu an, man übt sich darin, und irgendwann erreicht man den Punkt, ab dem die Kunst des Ansprechens beherrscht wird. Bis dahin lauern Fehler sonder Zahl. Aber:

Wo kämen wir mit der Jagd hin, wenn wir nicht Fehler machen dürften, solange wir daraus lernen?

Im Nachfolgenden wird eine Tabelle mit Ansprechmerkmalen aufgeführt. Ich kann jedem einzelnen Leser dieses Buches nur empfehlen, sie zu lesen, gegebenenfalls herauszukopieren und sie immer wieder und dann noch einmal zu lesen. Wenn wir einem Menschen auf der Straße oder sonst wo begegnen, dann können wir diesen Menschen auf gut und gern fünf Jahre genau ansprechen. Nun liegt das Durchschnittsalter bei den Deutschen bei grob 45 Jahren. Können wir nun auf fünf Jahre mit einiger Sicherheit ansprechen, dann sollten wir auch beim Rehwild diese Rechnung anwenden können. 45 dividiert durch 5 ergibt 9 Schätzungsabschnitte, in die unsere Wertung fällt. Sagen wir nun großzügig, dass ein Reh in unserer Wildbahn neun Jahre alt werden kann, dann sollte bei gleicher Aufteilung der Schätzungsabschnitte eine jahrgenaue Ansprache eigentlich machbar sein.

Aber nun zurück zum Beispiel: Wie viele Menschen haben wir im Lauf unseres Leben gesehen, bevor wir sagen konnten, dass wir unser zweibeiniges Gegenüber auf fünf Jahre genau einordnen konnten? Es werden einige (wenn nicht Zehn- oder noch mehr) Tausend gewesen sein. Und im Verlauf dieser hohen Zahl haben wir gelernt, wie perfekte und dennoch intuitive „Ansprecher“ zu funktionieren. Wir nehmen einen Menschen wahr, und in den ersten kurzen Sekunden wissen wir schon eine ganze Menge über ihn, ohne dass wir es überhaupt geahnt hätten, und das Alter des Gegenüber können wir damit relativ genau einschätzen. Wenn man später fragt: „Woher wusstest du, wie alt er oder sie ist?“, dann wissen wir recht schnell einige Merkmale aufzuzählen. Das können die Hände sein, die Haut, das Haar, die Augen, der Gang, die Haltung, das Verhalten und einiges mehr. Bei der ersten Begegnung prüfen wir automatisch und unbewusst all diese Merkmale ab und bilden uns daraus ein erstes und meist recht genaues Urteil. Nicht umsonst heißt es, dass der erste Eindruck, den man von einem Menschen hat, meist der zutreffendste ist.

Beim Wild ist das nicht anders: Wenn man einmal genug Rehböcke genau angesehen und bewusst aufs Alter angesprochen hat und dann die Richtigkeit

Kein einzelnes Altersmerkmal ist für sich allein genommen absolut unwiderlegbar und zuverlässig!

– oder auch die Fehlerhaftigkeit – der eigenen Beobachtungen gegen die Realität oder (anfangs vielleicht besser) gegen die Meinung eines erfahreneren Jägers geprüft hat, wird man merken, dass der erste Blick auf einen Bock sofort sagt: jung, mittelalt, alt. Darauf baut man sich dann aus genauerer Beobachtung der einzelnen Altersmerkmale ein präzises Bild.

Dazu ist aber eines genau zu beachten: Es gibt beim Bock k e i n e i n z e l n e s Altersmerkmal, das für sich allein genommen absolut unwiderlegbar und zuverlässig wäre. Es muss immer die Summe mehrerer und im idealen Fall aller übereinstimmenden Merkmale sein, die eine jahrgenaue Altersansprache ergibt oder ergeben kann. Und auch dann wird man besonders beim Rehwild nie davor gefeit sein, nicht doch falsch gelegen zu haben.

Ansprechhilfen

Bei kaum einer anderen Jagdart ist die Gefahr eines falschen Abschusses (dieser Begriff sei hier für die, die ihn überhaupt noch kennen, genannt) so groß wie bei der Blattjagd, wenn man einmal von denen absieht, die die Böcke auch noch auf der Drückjagd freigeben. Es gibt sicherlich Leser, die generell jeden Abschuss eines Stücks Rehwild für „richtig" erachten, aber ich darf mit einiger Gewissheit die Hoffnung hegen, dass die dieses Buch bereits zur Seite gelegt, zu einer Existenz auf dem Klosett verurteilt oder gleich schon weggeschmissen haben. Die anderen aber werden wissen, wie schwierig das schnelle und richtige Ansprechen eines springenden Bockes ist, oder sie werden sich zumindest fragen, wie man dieses Stückl hinbekommt. Die Antwort heißt: mit Erfahrung.

Wer immer intensiv und bewusst auf Rehwild jagt, wird eins gemerkt haben: Der Bock ist im weitaus größten Teil der Fälle vor allem **schnell** richtig angesprochen. Damit will ich sagen: Der erste Eindruck ist meist der richtige, ganz wie beim Menschen. Muss man lang herumdoktern und studieren, dann ist der Fehlerfaktor deutlich höher: Ein Fernglas oder Spektiv – so wichtig und unverzichtbar diese Instrumente bei der genauen Ansprache eines Rehs auch sind – können im Auge des auf Beute gesinnten Jägers aus einem halbgaren Dreijährigen ganz schnell einen hochkapitalen uralten Bock machen. Das ist jedem von uns schon passiert, mir selbstredend auch und oft. Selbst meine Mutter, die mir beinahe alles, was ich übers Ansprechen weiß, beigebracht hat, hat ein G'wichtl auf der Halle des Elternhauses als „Memento" aufgestellt: Erlegt hat sie den Bock in der Brunft als alt und reif, auf der Strecke war er zwei Jahre alt.

Solche Fehler, die immer passieren können und werden, sollten den Jäger aber in keiner Weise davon abhalten, einen jeden Bock sauber anzusprechen, spränge er nun scharf aufs Blatt oder stünde er breit und vertraut äsend auf der offenen Wiese. Je mehr Böcke man genau anspricht, umso mehr wird man die vielen Einzelmerkmale erkennen, die auf das Alter hindeuten.

„Hindeuten" – diesen Begriff wähle ich mit voller Absicht. Es gibt beim Rehwild kein einziges absolut verlässliches, natürliches Altersmerkmal. Aber aus der Summe der vielen Hinweise kann man – Kenntnis der Wildart und vor allem der Reviergegebenheiten vorausgesetzt – sehr wohl sehr häufig jahrgenau sein Urteil fällen. Würde ich nach einer genaueren Bezifferung gefragt, so würde ich sagen: Kennt man die Wildart genau, aber das Revier nicht, so kann man 60–70 % der Böcke jahrgenau ansprechen, kennt man beides, so sind es jedenfalls 80 % und häufig mehr.

Im Folgenden ist eine Tabelle abgedruckt, die Paul Baron v. Waldbott-Bassenheim vielen Jungjägern, die bei diesem großen Kenner gelernt haben, an die Hand gegeben hat und die ich mit großzügiger Genehmigung seiner Witwe Marie Therese Baronin v. Waldbott-Bassenheim sowie seines Erben Markus Graf v. Königsegg-Aulendorf wiedergeben darf. Ich kenne in Vollständigkeit und Genauigkeit keine Bessere.

Diese Tabelle wurde mir zuerst von meinen guten Freund und jagdlichen Förderer Hans Caspar Graf zu Toerring-Jettenbach übermittelt, der sie wiederum von seinem Onkel Paul oder besser (auf ungarisch, denn da kam er her): Pál Freiherr von Waldbott-Bassenheim bekommen hatte.

Ein sichtlich alter Herr.

	Jahrlingsböcke	2-jhr. Böcke	3-jhr. Böcke	4-6 jhr. Böcke
Lebensweise:	Steht in Gesellschaft der Mutter bzw. der Geschwister	Steht schon allein, ist aber noch nicht voll ausgewachsen	Ist voll ausgewachsen und steht meistens allein	Einzelgänger. Böcke ziehen oft mit Schmalrehen
Verhalten:	Unruhig, spielerisch, verhofft neugierig vor dem Abspringen. Ist kein Rivale älterer Böcke	Unvorsichtig, hält Wechsel genau ein, weicht jedoch älteren Böcken aus	Zieht ruhig, duldet noch jüngere Böcke, verhofft nicht mehr beim Abspringen	Verjagt jüngere Böcke, ist vorsichtig, misstrauisch und zieht oft ruckartig stampfend
Verfärben:	Wird im Frühjahr oft als erster rot	Verfärbt nach Jahrlingen, aber vor älteren Böcken	Wird erst nach 2-jhr. Rehböcken rot	Verfärbt zumeist erst im Juni
Schieben und Fegen:	Schiebt und verfegt oft als letzter im Juni	Schiebt um Wochen früher als Jahrlinge, ist im Mai verfegt	Schiebt sehr früh, ist bereits Ende April verfegt	Schiebt sehr früh, ist ab Mitte April verfegt
Figur:	Schwach, aber elegant und graziös; wirkt hinten etwas überbaut u. hochläufig	Der Stich ist schmal; Vorderläufe liegen eng zusammen, insgesamt eine schlanke Figur	Sein Rücken wirkt gerade, der Stich ist breiter geworden – Vorsicht! Er wirkt oft als Blender!	Gedrungene Figur und breiter Stich; erweckt den Eindruck, als ob er etwas tiefer stünde als jüngere Böcke
Haupt:	Länglich, schmal, kindliches Gesicht (dreieckige Form)	Noch schmales Bild, aber schon volle Länge	Viel breiter als bei Jahrlingen und 2-jhr. Böcken	Das Haupt ist breit geworden und wirkt stumpf
Gesichtsfarbe:	Eintönig dunkel, zumeist ohne Nasenfleck	Gesicht wirkt bunt und zum Nasenfleck scharf abgegrenzt	Farben verlaufen langsam, das Gesicht wird allmählich grau	Ein eintöniges Grau – je heller, desto älter; Gesichtsmaske ist hell
Träger:	Aufrecht getragene, dünne und geschlungene Linie. (Knick am Trägeransatz)	Etwas stärker geworden, sonst ähnlich wie bei Jahrlingen	Träger ist nun voll ausgebildet, wird nicht mehr aufrecht getragen. Der Knick ist weggefallen	Ist sehr stark geworden und wird schräg nach vorne ausgestreckt getragen
Gesicht:	Große Lichter, kindlich, neugierig	Etwas erwachsener, insgesamt jugendlich	Erwachsen bis misstrauisch	Misstrauisch bis bösartig

Breites Haupt zeigt Alter, schmales Haupt zeigt Jugend an.

Wenn man sich die Merkmale, die Pál Waldbott aufgelistet hat, einprägt, sind sie eine ideale Lernhilfe für Neulinge und ebenso ein ganz hervorragender Leitfaden für Jäger, die glauben, sie könnten das mit dem Ansprechen schon lang. Zu der Gruppe gehören die allermeisten, mich selbst nehme ich da nicht aus, und wir erleben regelmäßig unsere Überraschungen. Eines aber glaube ich sagen zu können, und viele, von denen ich im Ansprechen von Böcken vieles gelernt habe und heute noch lerne, bestätigen das: Wenn man einen Bock zu lang anschaut und auf ihm „herumdoktert“, dann nimmt er irgendwann das Alter an, das man sich von ihm wünscht – zumindest so lange, bis er daliegt.

Wenn man beim Ansitz oder bei der Pürsch an einen Bock kommt, ist es ratsam, ein wenig zu warten, bevor man das Fernglas nimmt. Mit freiem Auge sieht man manche Sachen besser als mit einer mehrfach vergrößernden Optik, vor allem das Verhalten und die Bewegungen des Bockes. Das Fernglas verrät einem dann mehr über das Gesicht, den Körperbau oder die Figur. Das Spektiv, das man eigentlich außer am Blattstand immer dabeihaben sollte (und meistens nehme ich es auch zum Blatten mit), kann dann noch weitere Merkmale herausarbeiten, wie beispielsweise die Länge der Rosenstöcke, die auch einiges übers Alter aussagen, da sie in der Regel mit dem Abwerfen der Stangen etwas kürzer werden. Wenn die Stangen so ausschauen, als wären sie gleichsam in den Schädel hineingeschraubt, hat man es meistens mit einem älteren Semester zu tun. Aber: Beim Rehwild gibt es eben auch langhaarige oder eher kurzhaarige Individuen, und ist ein Bock eher länger im Haar, dann sehen durchs Fernglas auch die Rosenstöcke deutlich kürzer aus, als sie tatsächlich sind. Solche Details sind mit einem Spektiv deutlich besser zu erkennen.

Natürlich schaut man irgendwann mit dem Glas auch auf das G'wichtl. Man will ja sehen, was der Bock auf hat. Dagegen ist nichts zu sagen. Aber: Das, was da aus den Rosenstöcken auf dem Rehschädel herauswächst, hat so gut wie gar nichts über das Alter eines Bockes zu sagen. Wer versucht, nach den Stangen aufs Alter anzusprechen, liegt fast immer falsch. Wenn es dann doch stimmt, ist es meistens ein Zufallstreffer. Dachrosen kann auch ein zweijähriger Bock schon haben, ebenso gibt es ziemlich alte Knaben mit perfekten Kranzrosen. Die Frage, ob die Masse im Geweih eher oben oder eher unten sitzt, kann ein klein wenig zutreffender sein bei der Altersansprache, aber auch da sieht man in jeder besseren Geweihsammlung Alte mit Stangen, die oben dick und prall sind und Junge, deren Masse unten im G'wichtl hängt – vorausgesetzt, der Inhaber besagter Sammlung ist ehrlich.

Besonders beim Jahrlingsabschuss wird oft nach dem Motto gehandelt: „Starker Jahrling, der zweigt schon viel zwischen den Lauschern, der bleibt stehen! Schwacher Jahrling, der hat nur Knöpfe oder Spieße, den schießt man!“ Beide Aussagen halte ich für zu kurz gegriffen. Wichtig ist meines Erachtens beim Jahrling vor allem der Körperbau. Der eine Jahrling steckt alle Kraft ins Knochenwachstum und wenig in die Stangen, der andere haut alles oben hinaus und bleibt im Wachstum zurück. Nach meiner Erfahrung werden aber aus den Jahrlingen, die schon Gabeln oder gar Sechserstangen zeigen, im Körper aber „mickrig“ sind, im zweiten Lebensjahr eher keine starken Böcke. Knopfer oder Spießer dagegen, die einen starken und schon recht weit entwickelten Körper haben, werden im zweiten Jahr meist recht gut und danach besser.

Kurzer Ziemer und langer Ziemer.

Da je nach Vegetationssituation die Wildbretgewichte von Jahr zu Jahr und je nach Einstandsqualität von Revierteil zu Revierteil recht unterschiedlich sein können, schaue ich mir eher den Rahmen des Jahrlings an: Hat er einen langen Ziemer, steht er (wie die Rosszüchter sagen) „über viel Grund", dann lasse ich ihn stehen, egal was er auf dem Haupt zeigt. Wenn er aber hoch aufgeschossen, schlaksig ist und einen kurzen Ziemer hat, nehme ich ihn mit. Ich möchte das nicht zur Universalregel machen, denn jeder muss sein eigenes Revier und seinen Wildbestand selber kennen. Aber in den Revieren, in denen ich den Arbeitsabschuss gemacht habe oder mache, habe ich mit der Methode recht gute Erfahrungen gemacht. Zudem kann man diese Ansprechmethode auch wenig erfahrenen Jägern recht einfach erklären und damit die Gefahr von Fehlabschüssen minimieren.

Wenn man die Böcke, die in einer bestimmten Ecke unterwegs sind, genau kennt, dann ist das für das schnelle und richtige Ansprechen natürlich hilfreich. Jede Stunde, die man im Frühjahr und im Sommer zur Bestätigung auf dem Hochstand zugebracht hat, zahlt sich in der Blattzeit aus. Da es heutzutage Wildkameras gibt, die ganz gute Bilder machen, kann man die ebenso sinnvoll einsetzen. In einem Revier am Niederrhein, wo ich zur Blattjagd eingeladen war, legte mir der Berufsjäger einen Ordner vor, in dem die Böcke, die geschossen werden sollten, einzeln aufgelistet waren: mit Revierkarte, darauf die zur Verfügung stehenden Stände und zu jedem Bock mindestens ein, zum Teil mehrere Bilder. Das macht die Sache erheblich einfacher. Ich jagte zwar die meiste Zeit mit orts- und fachkundiger Begleitung, aber wenn ein Bock sprang, konnte ich ziemlich schnell sehen, ob es der gemeinte war. Und als ich an einem Abend alleine losgeschickt wurde (in einem Revier, in dem auf das Rehwild Wert und Augenmerk gelegt wird, ist das ein Vertrauensbeweis), war ich für die Vorabinformation sehr dankbar und streckte einen alten, reifen Waldbock.

Sicherlich macht die Bestätigung Arbeit. Aber das ist gut investierte Zeit. Man lernt dabei ja nicht nur, wer sich wo herumtreibt, man lernt dabei vor allem das Revier genau kennen, kennt die Plätz- und Fegestellen, damit die Einstände, weiß, bei welchem Wetter der Wind woher weht, und kann sich im Zweifelsfall sogar auf die Spaziergänger und „Gassigeher" einstellen, die jeden Tag zur gleichen Zeit vorbeikommen. Im eigenen Revier treibe ich diesen Aufwand auch, wenn auch nicht in einem solchen Ausmaß. Meist führe ich meine Jagdgäste in der Blattzeit selbst. Doch wenn ich einen Gast, von dem ich weiß, dass und wie erfahren er ist, alleine auf einen bestimmten Bock losschicke, dann habe ich entweder ein Bild oder zumindest eine Skizze des Auserwählten parat.

Leider sind Reviere, die so gut geführt sind wie das erwähnte am Niederrhein, selten geworden und auch die, in denen man von orts- und sachkundigen Pürschführern angeleitet wird, gibt es nicht in großer Zahl. Dann muss man sich auf das eigene erlernte Können verlassen. Die hier aufgezählten Ansprechhilfen sind natürlich im Wesentlichen auf Pürsch oder Ansitz bezogen, auf dem Blattstand wird man nur in den selteneren Fällen genug Zeit haben, einen Bock eingehend genau zu beobachten. Aber wenn man sich im Ansprechen genug geübt hat und vor allem sich weiterhin darin übt, hat man es beim springenden Bock leichter, ihn schnell, intuitiv und richtig anzusprechen. Aber an der Art, wie ein Bock springt, kann ich persönlich nichts mit Sicherheit erkennen, was etwas Schlüssiges über sein Alter sagen würde. Ich habe alte und reife Böcke gesehen, die daherrauschten wie die Feuerwehr und junge Buben, die langsam und vorsichtig, jede Dickung nutzend herangeschlichen kamen und umgekehrt. Ich muss mich auf dem Blattstand auf meine Erfahrung und meine Intuition verlassen. Dabei können immer und werden immer auch Fehler passieren. Ich kann mich dann nur beim Jagdherrn entschuldigen und versuchen, aus dem gemachten Fehler zu lernen.

Richtiges Ansprechen erfordert viel Übung!

V. KAPITEL

Verhalten am Blattstand

DER WEG ZUM BLATTSTAND

Nach aller grauen Theorie kommt irgendwann das echte Leben, sprich: der Blattstand. In diesem Kapitel soll der Leser einige Hinweise bekommen, wie er sich beim Blatten anstellen sollte, damit es auch klappt. Auch dazu gibt es der Lehren viel, und viele widersprechen sich. Ich kann nur aus meiner eigenen Erfahrung sprechen und aus dem, was ich in mittlerweile mehr als 30 Blattzeiten erlebt und hoffentlich gelernt habe.

Wenn man sich auf den direkten Weg zum Blattstand macht, sagen die einen, dass man so unhörbar wie irgend möglich gehen sollte, andere durchaus namhafte Experten sagen, dass man ruhig etwas Krach machen könne dabei – allein das mache den ortsansässigen Bock schon neugierig, ob da nicht irgendwie ein Rivale unterwegs sei. Ich habe beide Theorien ausprobiert und beide als zutreffend erlebt. Was aber meines Erachtens wirklich wichtig ist: dass man ungesehen und ungewittert dahin kommt, wo man hinwill. Rehe sind Bewegungsseher, sie können einen Zweibeiner von einem Vierbeiner am Gang perfekt unterscheiden, auch durch die Lücken des Blattwerks hindurch. Deswegen sollte man darauf achten, dass man so gedeckt wie nur irgend möglich und vor allem langsam zum Stand kommt. Dort, wo öfter von Spaziergängern begangene Wege in der Nähe des Blattstands sind, sollte man die nutzen. Das Wild kennt sie und stört sich an dieser gewohnten Beunruhigung weit weniger als an einem Jäger, der sich anzuschleichen versucht. Den vielbegangenen Weg verlässt man dann dort, wo man auf kürzestem und am besten gedecktem Pfad an den Stand kommt.

Wenn das nicht möglich ist, wenn keinerlei Deckung vorhanden ist, dann gehe man halt so und in aller Vorsicht an den Stand, warte aber dann dort eine gute Zeit zu – eine halbe Stunde sollte ausreichen – bis wieder halbwegs Ruhe eingekehrt ist. Wenn auf dem Weg zum Stand etwas abspringt, bleibt man am besten kurz stehen und setzt dann seinen Weg möglichst unbemerkt fort. Schreckt das Stück beim Abspringen fortgesetzt und im Staccato, dann sollte man sich einen Ausweichstand suchen. Wenn das nicht möglich ist, empfehle ich eine volle Stunde abzuwarten, bevor man mit dem Blatten beginnt.

Auf dem Weg zum Stand habe ich den Wind am liebsten im Gesicht. Schon ein halber Wind kann die Sache vergeigen, ein voll im Genick stehender erst recht. Am Stand selber kann es durchaus passieren, dass einem ein Bock in voller Fahrt mitten durch den Wind aufs Blatten springt und sich kaum oder gar nicht daran stört. Auch die menschliche Fährte im Boden überspringt ein solcher Bock ohne Weiteres. Er ist so rein auf das Blatten ausgerichtet, dass er wie am Schnürl gezogen daherkommt und nur eines im Sinn hat. Anders bei Böcken, die aus Scheu oder Vorsicht langsam daherkommen und sich erst einmal auf ihren sichersten Sinn, nämlich das Winden verlassen und damit die Sache auskundschaften wollen. Wenn die durch die menschliche Wittrung oder über die frische Fährte kommen, dann merken sie etwas. Deswegen sollte man, wenn man merkt oder ahnt, dass sich etwas anschleicht, die Richtung des eigenen Windes und auch die eigene Spur genau im Blick halten, denn dort kann ein anwechselnder Bock verhoffen und gegebenenfalls erlegt werden.

Was das leise oder laute Angehen betrifft: Ich habe mehrfach erlebt, wie Böcke trotz lautstarker Trampelei und erheblichen Krachs kurz nach Bezug des Standes aufs Blatt gesprungen sind. Auch blechernes Geschepper hat in zumindest einem Fall die Sache in keinster Weise gestört. Ich für meinen Teil versuche aber trotzdem möglichst leise vorwärtszukommen. Zum einen ist das eine gute Übung für das Pürschen, zum anderen hat das für mich auch etwas mit dem Respekt vor der Natur und der Schöpfung zu tun. Ich bewege mich ja sozusagen im Heim eines anderen, da trample ich nicht absichtlich herum und benehme mich nicht wie ein Rüpel.

Das, was ich bisher zum Weg an den Stand gesagt habe, betrifft das gezielte Blatten von einem Stand aus. Es gibt aber auch die Möglichkeit, wenn man ein Revier genau kennt, einen Blattgang zu machen. Man pürscht dabei ein Waldstück oder einen Revierteil ab und bleibt alle paar hundert Meter stehen, um zu blatten. Wie man sich die jeweiligen Blattstände sucht, dazu im nächsten Abschnitt mehr. Beim Blattgang muss man klarerweise so leise wie möglich gehen und ungehört bleiben. Dafür muss man an der jeweiligen Position nicht so lange zuwarten, bis man mit dem Rufen beginnt. Aber auch hier wie bei jeder anderen Form der Blatterei und eigentlich generell bei jeder Jagd gilt, was Friedrich von Gagern in seinem Buch „Birschen und Böcke" geschrieben hat:

„Zur Jagd, zu wirklicher Jagd, gehört Zeit; nur das Schießen ist schnell erledigt."

Standortwahl

Zu Anfang dieses Buches, im Abschnitt „Oben oder Unten?" habe ich es bereits anklingen lassen: Ich blatte lieber vom Boden als vom Hochstand aus. Denn am Boden bin ich flexibler, was die Wahl meines genauen Standorts angeht. Sicher hat der Hochstand gewisse Vorteile: Man hat auf jeden Fall eine sichere Auflage, ist aus dem Wind, hat Überblick, Sichtdeckung und auch im topfebenen Revier ausreichend Kugelfang. Aber: Der Hochstand steht nicht immer da, wo ein Blattstand sinnvoll wäre, es sei denn, er ist von vornherein mit klarem Blick auf die Blattzeit aufgestellt worden. Selbst dann muss er immer noch nicht oder besser, nicht mehr passen, denn wurde der Stand vor mehreren Jahren errichtet, so können sich die Dickungen und Einstände im Umgriff so verändert haben, dass sie keinem Bock mehr taugen.

Grundsätzlich stelle ich an einen Blattstand folgende Anforderungen: Deckung, Überblick, Auflage. Eine der wichtigsten Sachen, die man beim Blatten beachten sollte: Nie den Bock vom Dunklen ins Helle, sondern möglichst immer umgekehrt, vom Hellen ins Dunkle blatten. Uns Menschen ist es ja auch

Schießt man vom Boden aus muss besonders auf Kugelfang geachtet werden.

deutlich angenehmer, wenn wir von einem hellen in einen dunklen Raum gehen, als säßen wir in einem finsteren Zimmer und plötzlich schaltete jemand das Licht ein. Das geht einem Reh nicht anders. Versucht man, einen Bock aus der Dickung heraus auf eine Freifläche zu rufen, wird er in der Mehrzahl der Fälle am Deckungsrand verhoffen und die Lage peilen. Ins Helle und Freie wird er nur sehr selten springen.

Mein Blattstand muss mir gute Deckung geben: in die Richtung, aus der ich den Bock erwarte, zum Beispiel in Richtung einer weiter draußen liegenden Äsungsfläche oder einer Dickung. Genauso brauche ich aber auch Deckung nach hinten hin, denn stehe ich gegen einen hellen Hintergrund oder gar gegen das hohe Licht, dann wird anwechselndes Wild jede Bewegung von mir sofort wahrnehmen. Deswegen sollten Jäger und gegebenenfalls Pürschführer immer im Schatten und nie im Sonnenlicht stehen. Recht praktisch beim Blatten im Bestand ist es, wenn man sich zwischen zwei möglichst nah aneinanderstehenden Bäumen positioniert. Man ist nach vorn und hinten hin gedeckt, kann sich, wenn notwendig, gut umdrehen und hat genug Möglichkeiten anzustreichen.

Blatten ist Augenjagd. Je früher ich den abwechselnden Bock sehe, umso früher und besser kann ich die Situation kontrollieren. Deswegen muss mein Stand guten Überblick bieten und mich möglichst viel des beschießbaren Geländes einsehen lassen. Wenn ich so stehe, dass ein Bock hinter einer Bodenwelle, einer anderen Sichtbarriere oder sonst wie auf nächste Nähe an meinen Stand herankann, dann ist das für mich von Nachteil. Deswegen schon wähle ich meine Position oder stelle ich einen eigens für die Blattjagd gedachten Stand mindestens 60 Meter von der nächsten Dickung oder dem Einstand auf.

Beim Blatten schießt man sehr selten weit. Ich habe mir seit meinem ersten Kugelschuss die Mühe gemacht, die Entfernungen auf Rehböcke festzuhalten und habe daraus einmal meine durchschnittliche Schussdistanz beim Blatten ermittelt. Sie liegt bei knapp 35 Metern. Auf so eine Distanz könnte ich zur Not auch freihändig noch ganz gut hinkommen, aber genau diesen freihändigen Schuss will ich vermeiden. Denn wenn ein Bock anspringt, reißt es mich

Guter Überblick mit entsprechender Deckung macht die Situation kontrollierbar.

Das nötige Handwerkszeug.

heute noch und ich bekomme ordentlich Herzklopfen. Da ist meine Hand dann alles andere als ruhig. Darum muss mein Blattstand auf jeden Fall eine Auflage haben, und zwar so, dass ich in alle Richtungen einen sicher gezielten Schuss abgeben kann.

Ideal dafür vorbereitete Blattstände habe ich beispielsweise bei meinem bereits erwähnten Freund Hans Caspar Toerring gesehen: Das sind an genau ausgewählten Stellen aufgestellte niedrige und nach allen Seiten offene Kanzeln ohne Dach. Anstatt eines Sitzbrettes, das sich quer durch die Kanzel zieht, haben sie eine kleine, frei stehende Bank in der Mitte, sodass man sich problemlos auch nach hinten wenden kann, wenn von dort etwas anwechselt. Die Auflage ist hoch genug, dass man sich dahinter gut außer Sicht ducken kann, aber nicht so hoch, dass man sich für einen auch nahen Schuss halb aufrichten und damit eine stabile Position verlassen müsste. Zudem ist sie hindernisfrei, kein Ast oder Nagel steht daraus hervor, sie ist glatt, man kann also mit der Büchse einem heranziehenden Stück gut folgen.

Wenn ich vom Boden aus blatte, dann suche ich mir einen Baum, an dem ich gut anstreichen kann. Idealerweise steht direkt dahinter noch ein zweiter Baum, sodass ich mich umdrehen und gegebenenfalls einen sicheren Schuss auf ein von hinten ankommendes Stück abgeben kann. Genauso gut kann ich aber auch hinter einem Wurzelteller, einem Holzstoß oder einem Strohballen stehen. Hauptsache ich habe eine gute, sichere Schussmöglichkeit. Für Wild, das von hinten anwechselt, habe ich ein zusammenklappbares oder -schiebbares Dreibein dabei. Diesen Gegenstand nutze ich auch gerne, wenn ich zwischen Hecken und Wiesen vom Boden aus blatte. Dann stelle ich mich direkt an die Hecke und habe die Büchse schussbereit, aber gesichert auf dem Dreibein und bereits in der Schulter, wenn ich mit dem Blatten anfange.

Deckung, Überblick und Auflage sind also die Grundanforderungen an einen Blattstand. Nun zur genaueren Wahl des Standortes: Da ich ja beim Blatten fast immer auch die nachzuahmende Brunftsituation des Treibens zumindest einplanen muss, muss ich den Ort auch so wählen, dass dort dieses Geschehen stattfinden könnte. Wer einmal Rehe beim Treiben beobachtet oder Hexenringe gefunden und sie genau angeschaut hat, wird vielleicht festgestellt

Ein hilfreiches Utensil zur sicheren Schussabgabe: ein stabiler Schießstock.

haben, dass sie immer einen Mittelpunkt haben. Ein „Brunftplatz" hat also eine bestimmte Struktur: Das kann eine Staude sein, ein Baum, ein einzelner Heister, in hohen und ungemähten Wiesen reicht oft schon eine Stelle, an der beispielsweise eine Leguminose das Gras niedrig gehalten hat. Da herum wird dann getrieben. Stelle ich mich da auf, wo sich eine vernünftige Gaiss von einem Bock treiben lassen würde, dann brauche ich gar nicht erst zu versuchen, das Treiben mit Lauten nachzuahmen, denn darauf fällt mir kein Bock herein.

Ein Blattstand sollte so gewählt werden, dass man das Wild so früh wie möglich sehen kann. Mein erster jagdlicher Lehrherr in Niederösterreich, Talli Schönborn-Buchheim, gab mir auf meine erste Pürsch auf Rehwild einen Rat mit, der sich jeden Tag aufs Neue als richtig erweist: „Schau, dass du den Bock unter allen Umständen siehst, bevor er dich spitzkriegt." Wenn ich zu nah an einer Dickung oder einem Einstand blatte, hat mich der Bock im Zweifel wahrgenommen, ohne dass er die Dickung überhaupt verlassen müsste, was er dann auch nicht tun wird. Springt er dennoch, dann wahrscheinlich so nah, dass weder zum Ansprechen noch zum Schuss die Zeit langt. Zudem kann man mit falschem, vor allem zu lautem Blatten zu nah an einer Dickung diese regelrecht leer pusten, sodass die Rehe sie auf der anderen Seite in Panik verlassen. Auch das ist mir schon gelungen, im betreffenden Revier werde ich heute, nach mehr als 25 Jahren, immer noch damit getratzt, wie schon im Abschnitt über „Großes Geschrei" erwähnt.

Aus diesen Gründen meide ich sogenannte „Nahkampfsituationen" so gut es geht. Wenn ich aber doch in eine gerate, dann nehme ich am Stand das Glas von der Büchse und schieße über die offene Visierung. Diese muss vorab auf jeden Fall eingeschossen worden sein. Der Großteil aller, vor allem aller neueren Gewehre hat zwar noch Kimme und Korn, aber diese sind meist ohne jede Überprüfung auf die Waffe gesetzt worden. Diese Gewehre schießen im Zweifel alles andere als geradeaus. Wenn ich die offene Visierung nicht geprüft habe oder wenn meine Büchse im Zweifel gar keine mehr hat, dann schraube ich an solchen Stellen das Glas auf die kleinstmögliche Vergrößerung herunter. Da viele der modernen verstellbaren Gläser in der höchsten Stufe sehr stark, oft zehn- oder mehrfach vergrößern, sollte man das Glas beim Blatten nie voll aufdrehen. Wenn der Bock nah kommt, findet man ihn im Zweifel mit der großen Vergrößerung nicht mehr, ich kenne das aus eigener leidvoller Erfahrung. Im Übrigen eignen sich moderne Zielfernrohre für die Drückjagd mit 1–6-facher Vergrößerung und großem Sehfeld auch ganz hervorragend für die Blattjagd.

Ich blatte vom Boden aus fast immer stehend und nur in bestimmten Situationen sitzend. Wenn ich stehe, habe ich deutlich besseren Überblick, muss mich allerdings ruhiger verhalten und mehr auf gute Deckung achten. Außerdem kann ich mich leichter und einfacher nach hinten umdrehen und dorthin schießen. Sitzend blatte ich nur dann, wenn ich ausschließen kann, dass von hinten etwas kommt und wenn ich sitzend genug vom Gelände vor mir sehen kann. Zumeist sind das Situationen im Hoch- sowie Mittelgebirge oder in den Voralpen. Wenn ich dort bergauf rufe, dann sollte es kein zu langer Hang sein. Der Bock springt wie bereits erwähnt nicht gern weite Strecken bergauf. Oben müsste er sich ja möglicherweise einem Gegner stellen und käme dort ausgepumpt an, was keine guten Voraussetzungen für einen

Kampf sind. Wenn der Hang relativ kurz ist und man verhalten blattet, bestehen aber Chancen, dass man den Bock unten verwechseln sieht. Er wird das wahrscheinlich relativ verhalten tun und immer wieder nach oben sichern. Dann kann man ihn ansprechen und gegebenenfalls erlegen.

Generell finde ich es in steilen Lagen Erfolg versprechender, wenn ich unten sitze und nach oben hin rufe. Allerdings sollte man darauf achten, einen Bock, der vielleicht weit oben im Schlag auftaucht, nicht zu heftig herunterzurufen, denn sonst kommt er möglicherweise zu nah. Auch an großen Wiesen im Gebirge sollte man da aufpassen: Oft rauschen die Böcke wie die Feuerwehr über die Wiese und rumpeln dann zu nah an den Stand oder sie schleichen sich leise von hinten an.

Ein Wort zum Wind: Auch wenn ein wirklich springender, also nicht nur aufs Blatt anwechselnder Bock, durchaus ohne Anstoß zu nehmen durch den menschlichen Wind springt, sollte man schon genau prüfen, was der Wind am Blattstand macht. Denn weht er da, wo man steht, aus einer Richtung, kann das dreißig Meter weiter schon ganz anders aussehen. Ich habe schon zuvor darauf hingewiesen: Ein einfaches Kinderspielzeug ist da ein sehr viel besserer Helfer als irgendwelche recht teuren elektronischen Windmessgeräte, nämlich die Seifenblasen. Wenn man so ein Pustefix-Röhrchen dabeihat, zeigen einem die Blasen ganz gut an, wo der Wind wirklich hingeht. So kann beispielsweise an einem Hang der Wind mir zwar ins Genick stehen, aber meine Wittrung weit übers Gelände hinaustragen, bevor sie zu Boden sinkt. Die Seifenblasen zeigen mir das, und ohne sie würde ich dann an diesem Stand vielleicht gar nicht blatten und einen Bock schießen.

Ausschuss[35] und Kugelfang

Mein Blattstand muss mir Schussfeld oder auf gut Süddeutsch „Ausschuss“ bieten. Denn ohne einen ausreichend großen Fleck, auf den ich sauber hinschießen kann, ist alles umsonst. Ich kann die Position noch so genau und präzise gewählt haben: Wenn ich zwischen Bäumen und Sträuchern nur winzige Lücken habe, in denen ich schießen kann, dann hat der Bock deutlich mehr Chancen als der Jäger. Je länger ich das anwechselnde Wild sehen und beobachten kann, umso bessere Chancen auf einen guten Schuss werde ich haben. Wenn ich zum Beispiel in einer Ecke, in der ich blatten will, einen gut angenommenen Wechsel weiß, dann wähle ich meinen Stand so, dass der Wechsel auf mindestens 30 Meter an mir vorbeiläuft, niemals auf mich zu. Denn sonst bekomme ich im Zweifel einen spitz anwechselnden Bock serviert, auf den ich nicht sauber schießen kann. Wenn ich abseits vom Wechsel stehe, kann ich einen herziehenden Bock besser und länger sehen und auch besser beschießen.

Wenn man an Feldern oder Wiesen blattet, was bei Beachtung einiger bereits gesagter Dinge ganz erfolgreich sein kann, ist das mit dem Schussfeld meistens kein Problem, es sei denn, das Gelände ist stark kupiert. Dann muss man den Stand mit Bedacht darauf wählen, dass ein Bock nicht überriegelt in nächster Nähe springen kann. Von hinten kann er natürlich immer

Auf Feldern und Wiesen ist das Schussfeld meist kein Problem, wenn der Stand gut gedeckt ist.

kommen. Aber da man den Stand ja grundsätzlich gegen Hintergrund, in dem Fall den Waldrand, einen Busch, eine Hecke, wählen sollte, schaut man vorher, wo der Hauptwechsel in die Fläche geht. Von diesem Wechsel sollte man einen guten Schrotschuss entfernt stehen und möglichst so, dass man gegen diese Seite hin gedeckt ist.

Im Bestand wählt man den Stand da, wo genug Raum zwischen den Stämmen ist. Ebenso wie auf einem guten Drückjagdstand braucht man auch an einem brauchbaren Blattstand genug Blößen im Hochwald oder auf einer sonst wie bestockten Fläche. Man braucht Platz zum Sehen, Platz zum Ansprechen und natürlich auch dann Platz zum Schießen. Zudem sollte man seine eigene Position so wählen, dass man ohne gesehen zu werden einen Schritt nach links oder rechts machen kann. Wenn der Bock gerade mit dem Leben hinterm Fichtenstamm verhofft, dann kann dieser eine Schritt zur Seite hin reichen, um das Leben wieder freizubekommen.

Bevor man abdrückt, muss man den Bock zweifelsfrei als solchen erkannt und angesprochen haben. Oft genug kommt eine Gaiss mit dem Bock. Ziehen die beiden dann hinter einem Baum oder einem Busch durch, wechseln sie möglicherweise die Position. Schießt man dann auf das erste auftauchende Stück, liegt womöglich die Gaiss da. Der Bock muss ein halbwegs passendes Ziel bieten. Dabei ist weniger wichtig, dass er schulbuchmäßig breit und mit hohem Haupt steht. Wartet man darauf, ist die Chance leicht vertan. Auch auf einen leicht schräg stehenden Bock ist der Schuss vertretbar, man muss dann seine Kugel halt so setzen, dass der Schuss nicht weich oder noch weiter hinten hinausgeht. Schüsse auf den Träger sollte man möglichst vermeiden. Grundsätzlich sollte man beim Blatten nie auf einen flüchtigen Bock schießen.

Bei jedem Schuss muss Kugelfang da sein. Jeder Jäger hat das gelernt, man hört es auf jeder Jagd bei der Ansprache, und trotzdem gehen viele Schützen in der Gier des Augenblicks eklatant unvorsichtig mit diesem Thema um. Kugelfang ist gewachsener Boden, sonst nichts. Dieser gewachsene Boden muss sich unmittelbar hinter dem beschossenen Stück befinden, nicht auf der anderen Talseite, nicht 50 Meter hinter dem Stück, sondern direkt dahinter.

Auf der sicheren Seite ist man, wenn ein Schusswinkel von 10 Grad zum Wild nicht unterschritten wird. Dickungen sind kein Kugelfang, Sträucher auch nicht, auch Wurzelteller nicht, ebenso wenig Bäume. Und Wild ist erst recht kein Kugelfang. Der Restkörper, der aus dem getroffenen Stück austritt, hat immer noch gewaltige Durchschlagskraft, das gilt besonders für Deformationsgeschosse und ganz besonders für die mancherorts vorgeschriebenen bleifreien Deformationsgeschosse. Sie verlassen den Wildkörper mit nahezu dem gesamten Restgewicht und haben immer noch genug Energie übrig, um lebensgefährliche Verletzungen anzurichten oder zu töten.

Absolut tabu ist jeder Schuss gegen das hohe Licht. Ein Büchsengeschoss fliegt ungebremst mehrere Kilometer weit. Es gibt in Mitteleuropa keine Situation, in der man eine Kugel unkontrolliert ins hohe Licht schießen und dabei sichergehen kann, dass sich dort, wo die Kugel auftrifft, kein Mensch oder Tier befindet. Auch wenn diese Regeln jedem bekannt sind, kann man sie nicht oft genug wiederholen. Kein Stück Wild ist ein Menschenleben wert!

Hier verbietet sich selbstverständlich jeder Schuss.

Zu zweit am Blattstand

Sehr häufig wird man sich in Begleitung am Blattstand wiederfinden. Entweder wird man geführt oder man führt selbst oder man hat einen Freund dabei, der das Blatten erleben will, oder eventuell jagt man sogar zu zweit. Dann gibt es einige weitere Dinge zu beachten:

Es blattet immer nur einer! Wenn man unter Pürschführung jagt, dann kann das entweder der Schütze oder der Pürschführer sein, aber auch wenn man zu zweit am Blattstand jagt, blattet nur einer der beiden Jäger. Sind zwei Schützen an einem Stand, dann sollten sie so s t e h e n, dass sie in entgegengesetzte Richtungen schauen. In Österreich habe ich dafür den Begriff „Janusstand“ gelernt, nach der altrömischen Gottheit, deren zwei Gesichter in entgegengesetzte Richtung schauen. Man macht sich vorher aus, welchen Bereich welcher Jäger beschießt und wo die Grenze ist. Am besten geht das im Wald. Man nimmt sich zwei möglichst nah aneinanderstehende Bäume. Ideal steht man dann so nebeneinander, dass der eine den anderen jederzeit sehen und man sich mit Blicken verständigen kann. Wenn nur ein Jäger und ein Pürschführer oder sonstiger Begleiter am Stand sind, dann s t e h t nur der Schütze, der andere s e t z t sich auf den Boden. So wird man weniger gesehen und ist dem Schützen nicht im Weg. Sinnvollerweise teilt man sich den Beobachtungsbereich auf, der Schütze schaut in die eine und der Begleiter in die andere Richtung. Es bringt nichts, wenn sich beide in die gleiche Richtung ausrichten und dann dauernd den Kopf oder Körper hin und her wenden. Es reicht, wenn einer diese Bewegungen macht, sie sind auch so verräterisch genug. Wichtig ist auch da, dass man sich verständigen kann. Wenn einer von beiden Wild wahrnimmt, dann sollte man nicht zischen oder sonst wie Geräusche machen. Eine kurze Berührung am Körper reicht aus. Dann kann man mit dem Kopf die Richtung anzeigen. Unter keinen Umständen sollte man mit nackter Hand auf das Wild zeigen. Unsere Hände sind hell und wirken auf das Wild so, als würde man mit einem weißen Tuch herumwedeln.

Ob die Freigabe zum Schuss vom Pürschführer kommt oder ob der Schütze selbst entscheiden soll, muss vorher abgeklärt werden, am besten noch bevor man hinausgeht. Dabei muss ebenso abgeklärt werden, wie die Freigabe angesagt wird. Es hilft nichts, wenn der Schütze auf ein hörbares „Schießen!“ wartet und der Pürschführer nur mit dem Kopf nickt. Am besten einigt man sich auf den genauen Begriff. Der Bruder meiner Schwägerin, der einmal bei meinen Eltern auf einen Bock eingeladen war, kam mit unserem Berufsjäger an einen Bock, der beide spitz hatte. Der Jäger wollte dem Schützen sagen, dass der sich nicht mehr bewegen sollte und formulierte das auf gut Schwäbisch mit „Nemme bewege!“. Der Schütze verstand nur „Nehmen!“ und schoss den glücklicherweise passenden Bock sauber tot.

In manchen Fällen, speziell auf Ständen, wo das Wild notgedrungen sehr nah kommt und die Sache jeden Augenblick begreifen muss, gehe ich als Pürschführer so vor, wie bereits weiter oben beschrieben: Ich erkläre dem Schützen, dass das einzige, was er von mir gegebenenfalls hören wird, ein lautes und vernehmbares „Nein!“ sein wird. Wenn er beim Anblick des Wildes nichts hört, dann soll er schießen, sobald und wie er es verantworten kann. Wenn ich aber sofort laut „Nein!“ sage, dann kriegt das der Schütze mit – der Bock sehr wahrscheinlich auch. Aber dann war er sowieso noch zu jung und vielversprechend, und wenn er dann verblattet ist, dann ist mir das ganz recht.

Der Hund am Blattstand

Jagd ohne Hund ist Schund, das stimmt sicherlich. Aber der Hund muss nicht überall dabei sein. Am Blattstand habe ich Hunde eigentlich nicht so gern dabei, es sei denn, sie sind wirklich absolut ferm und gehorsam. Das trifft sicher nicht auf alle und ganz besonders nicht auf meine eigenen Hunde zu. Wichtig ist, dass der Hund, wenn er abgelegt ist, still und möglichst regungslos an seinem Platz bleibt. Dieser Platz ist entweder direkt am Blatthochstand oder, wenn man am Boden blattet, direkt neben seinem Führer. Der Führer muss ihn dann aber auch unter Kontrolle haben. In Franken ist es mir einmal passiert, dass der sehr sympathische Rauhaardackel des Jagdherrn in dem Moment, als Bock und Gaiss auf den ersten Kitzruf aus der Dickung kamen und

Nur ein nervenstarker Hund mit absoluter Standruhe darf dabei sein.

es nicht gleich knallte, die Sache selbst in die Pfoten nahm. Er war mit einem Satz aus dem Bodenstand heraus und veranstaltete sich mit den beiden Rehen ein nettes kleines Privatjagdl. Wenn mein Gesicht in dem Moment genauso entgeistert war wie das des Jagdherrn, dann waren wir sicherlich ein sehenswertes Paar. Gelacht haben wir auf jeden Fall sehr.

Unter keinen Umständen darf man den Hund etwas entfernt ablegen. Das Risiko, dass der Bock direkt über den Hund stolpert oder man über den Hund hinwegschießen muss, ist einfach zu groß. Wenn der Hund unbedingt mit muss, dann sollte es zumindest ein relativ dunkles Exemplar sein. Ein weißgescheckter Springer Spaniel, ein Golden Retriever, ein semmelgelber Labrador oder ähnlich helle Hunde blinken im Wald und werden gesehen. Es sei denn, man macht es so wie der Berufsjäger in einem schönen Revier der Leobner Realgemeinschaft, in dem ich gelegentlich blatten darf: Er hat unter jeden Hochstand eine kleine Hundehütte gebaut. Dort geht seine Dachsbracke dann hinein und schläft meistens sofort ein. Glücklicherweise schnarcht sie nicht.

Der Hund muss in unmittelbarer Nähe abgelegt sein, wie in dieser eigens unter den Hochstand gebauten Hundehütte.

Zusammenfassung „Verhalten am Blattstand“

- Besser leise als laut an den Stand gehen.
- Auf guten Wind und Sichtdeckung achten!
- Am Stand Zeit lassen und nicht sofort loslegen.
- Nicht zu nahe an Deckung oder Einstand blatten.
- Den Bock immer vom Hellen ins Dunkle rufen, nicht umgekehrt!
- Nie direkt auf dem Wechsel blatten.
- Treiben nur dort nachahmen, wo es auch stattfinden könnte.
- Nie im Sonnenlicht stehen, auch nicht teilweise.
- Blattstand oder -position brauchen Deckung, Auflage, Ausschuss und Kugelfang.
- Ausschuss und Kugelfang sind am wichtigsten!
- Kugelfang ist ausschließlich gewachsener Boden!
- Nie und unter keinen Umständen gegen das hohe Licht schießen!
- Vor dem Abdrücken muss der Bock zweifelsfrei als solcher erkannt und angesprochen sein!
- Auch Schüsse auf nicht völlig breit stehendes Wild sind vertretbar, wenn die Kugel richtig gesetzt wird.
- Das Zielfernrohr nicht voll aufdrehen.
- Bei „kurzen“ Ständen ggf. über die vorher geprüfte offene Visierung schießen.
- Der Schütze steht, der Begleiter sitzt.
- Nur einer blattet.
- Schütze und Jagdführer bleiben immer auf Tuchfühlung.
- Art und Weise der Freigabe klärt man vorab.
- Zwei Schützen an einem Stand stehen nah nebeneinander in entgegengesetzte Richtung. Die Schussbereiche werden vorab geklärt.
- Nur ferme, gehorsame und dunkle Hunde mit an den Stand nehmen.
- Den Hund im unmittelbaren Kontroll- und Zugriffsbereich ablegen.

VI. KAPITEL

Ausrüstung

WAFFE

Die Waffenwahl

Ein jeder hat seine eigenen Ideen darüber, was eine ideale Jagdbüchse ist. Der eine will ein Universalgewehr für möglichst alles Wild und alle Jagdarten, der andere lieber für jedes Waidwerk ein eigenes, spezialisiertes Werkzeug. Denn letztlich hat ja jede einzelne Jagdart ihre eigenen Anforderungen. Beim Blatten geht es anders zu als auf dem Drückjagdstand oder der Gamspürsch im Hochgebirge. Daher sollen hier einige hoffentlich hilfreiche Hinweise darauf gegeben werden, wie eine brauchbare Büchse für das Blatten aussehen sollte.

Die Waffe sollte führig und leicht sein. Man ist beim Blatten dann doch recht viel zu Fuß unterwegs, besonders wenn man sich einen den ganzen Tag dauernden Blattgang vornimmt – meines Erachtens die schönste Art der Jagd um diese hohe Zeit herum. Da es wahrscheinlich relativ heiß und womöglich drückend schwül ist, ist man besser dran, wenn man nicht die zusätzlichen Pfunde einer bleischweren Büchse schleppen muss. Den Vorteil, den man mit einer gewichtigen Büchse beim freihändigen Schuss hat, fällt wegen der kurzen Schussdistanz nicht ins Gewicht. Aber gerade wenn man allein am Boden hinter einem Baum steht und von dort aus blattet, lehnt die Büchse am Baum. Da ist es wichtiger, eine Waffe zu haben, mit der man schnell zusammenkommt und die man, ohne große Bewegungen machen zu müssen, in Anschlag bringen kann.

Ich rate zu eher kurzen Büchsen für die Blattjagd. Ich führe recht kurze Stutzen mit 50 resp. 54 cm langen Läufen. Oft sind die Stände eng, die Deckung hängt weit herunter. Da bin ich mit einem kurzen Gewehr schneller im Gesicht als mit einer elendslangen Waffe. Präzisionsschützen werden jetzt argumentieren, dass man bei entsprechenden Kalibern aus so kurzen Läufen keine ordentlichen Gruppen auf hundert oder zweihundert Meter schießen kann. Aber darum geht es beim Blatten auch nicht.

Ob man einen Repetierer, eine Kombinierte, eine einschüssige Block- oder Kipplaufbüchse, eine Doppelbüchse oder irgendein anderes Kugelgewehr führt, ist letztlich sekundär. Das ist den jeweiligen Vorlieben des Schützen überlassen. Manche mögen auf den Vorteil eines schnellen zweiten Schusses nicht verzichten, in der angespannten und emotionsgeladenen Schusssituation am Blattstand kann leicht einmal eine Kugel danebengehen. Wenn man dann schnell nachschießen kann, ist das von Vorteil. Allerdings möchte ich behaupten, dass ich meine Kipplaufstutzen ebenso schnell, aber auf jeden Fall leiser nachladen kann wie ein durchschnittlicher Schütze einen normalen Repetierer. Wenn man schnell im Nachladen ist, dann macht das Repetiergeräusch eher wenig aus, solange es im Nachhall des Schusses untergeht. Man sollte sich sowieso angewöhnen, unmittelbar nach dem Schuss sofort zu repetieren. Wenn man das nicht kann oder gelernt hat, dennoch aber öfter den schnellen zweiten Schuss braucht, ist eine Doppelbüchse fürs Blatten durchaus geeignet.

Das mit Abstand wichtigste Kriterium für die richtige Büchse zur Blattjagd ist aber dies: Der Schütze muss absolut vertraut und sicher im Umgang mit dieser einen Waffe sein. Sie muss, genauso wie eine gute Flinte, perfekt liegen. Sie sollte kein fremdes Werkzeug, sondern so vertraut wie ein Körperteil sein. Mir fällt auf, dass beinahe alle Büchsen und kombinierten Waffen heutzutage immer noch ausschließlich für den Schuss über die offene Visierung geschäftet sind, selbst wenn die Waffe gar keine mehr hat. Man hat sich zwar angewöhnt, den Schaftrücken eher auf Höhe der Zahnreihe an die Wange zu legen, damit man gerade durchs Zielfernrohr schauen kann. Eigentlich wäre es aber besser,

Das Wichtigste bei der Waffenwahl ist, dass der Schütze mit seinem Handwerkszeug absolut vertraut ist.

den Schaft unterm Jochbein sicher zu verankern. Nur: Wenn man das beim Großteil der Büchsen macht, schaut man auf die Montage anstatt durchs Absehen. Es wäre speziell für die Blattjagd mit ihren meistens recht schnellen Schüssen wünschenswert, wenn sich die Waffenhersteller endlich von überkommenen „hat-man-immer-so-gemacht"-Ideen lösen und sich Gedanken über den sinnvollen Bau von Gewehren machen würden.

Weiter oben habe ich bereits einiges zu Zielfernrohr und offener Visierung gesagt. Der Vollständigkeit halber sei hier so viel wiederholt: Überblick ist beim Blatten extrem wichtig. Daher nehme ich auf kurzen Ständen, wo ich nicht weiter als ca. 35 Meter schießen kann, das Zielfernrohr von der Waffe. Auf diese Distanz kann ich auch mit freiem Auge sehen, ob der Bock zu schießen oder zu schonen ist. Wer das nicht kann, der sollte sein Glas besser auf der Waffe lassen, aber so weit wie möglich herunterdrehen, beispielsweise auf drei- oder vierfach. Dass man mit dem Zielfernrohr ebenso wie beim Schuss mit der Flinte beide Augen offen haben sollte, hat sich inzwischen herumgesprochen.

Drei- bis vierfache Vergrößerung reicht für die Blattjagd in der Regel aus.

Beim Blatten halte ich das für besonders wichtig. Ich kann so genau sehen, was der Bock im wahrscheinlich durch den Bewuchs relativ unübersichtlichen Schussbereich macht. Grundsätzlich sollte man sein Zielfernrohr am Blattstand auf geringere Vergrößerung stellen. Der Bock kommt nahe, und wenn man dann seine Optik auf zehnfach oder höher gedreht hat, findet man ihn im Zweifel nicht mit dem Absehen.

Vor vielen Jahren hatte ich – Berufsanfänger und damals schon geldlos – im Innviertel einen alten Ischler Stutzen in der Hand. Ein denkbar schönes Gewehr ohne jegliche Zielfernrohrmontage, dafür mit einer sehr guten offenen Visierung versehen: Grinsel und Muck (für meine nicht-bajuwarischen Leser: Kimme und Korn) nicht zu grob und nicht zu fein, und für weitere Schüsse war noch ein Springdiopter in der Scheibe versenkt. Die Waffe war für die alte 9,3 x 72R ausgelegt, und dass ich die Büchse damals nicht gekauft habe, das reut mich heute noch. Sie wäre ein für meine Anforderungen ideales Blattgewehr gewesen.

Kaliber

Kein Gespräch unter Jägern wäre vollständig, würde man nicht lang und breit und mit großer Kontroverse über Ballistik und Kaliber diskutieren. Somit wäre auch kein Buch über die Blattjagd vollständig, würde nicht zu dem Thema etwas drinstehen. Da sich aber keiner von seinem Wunsch- und Wahlkaliber abbringen lassen und es mit absolut unwiderlegbaren Sachargumenten verteidigen wird, kann und will ich an dieser Stelle nur meine eigene, unmaßgebliche Meinung zu brauchbaren Kalibern für die Blattjagd sagen.

Ich bevorzuge an sich langsame Kaliber für diese Jagd, und die am liebsten mit schweren, weichen Geschossen. Wie mehrfach schon erwähnt, sind die Schussdistanzen bei der Blattjagd relativ gering, also sind Rasanz und gestreckte Flugbahn für mich in diesem Fall sehr sekundär. Ich will zuverlässig und schnell tötende Laborierungen, die das Wildbret schonen und verlässliche, gut sichtbare Pürschzeichen hinterlassen, sollte der Bock nicht im Feuer fallen. Zudem müssen diese Laborierungen richtungsstabil sein: Am Blattstand muss man die erste gute Schusschance nutzen, eine zweite bietet sich nämlich im Zweifel nicht. Da kann ich keine Rücksicht darauf nehmen, dass vielleicht ein Grashalm oder Ästchen in der Flugbahn sein könnte. Meine Blattmunition muss durchs Zeug gehen können.

Nun versichern mit Ballistiker, dass das bei weichen Geschossen eher nicht gegeben ist, es sei denn, sie fliegen relativ langsam. Warum dann kein hartes Geschoss? Weil es sein kann, dass ich einen Bock auf zwanzig oder noch weniger Meter beschieße. Wenn die Kugel dann nicht aufmacht, sondern weil sie hart ist, durch den Wildkörper geht wie ein Vollmantelgeschoss, ist der Bock zwar tödlich getroffen, wird aber noch eine ganze Weile gehen, und das nicht ins Offene, sondern wie immer ins dickste Zeug. Womöglich ist das sogar noch relativ spät am Abend passiert, ein Hund ist nicht in greifbarer Nähe und am nächsten Morgen findet man den an sich sauber geschossenen Bock in unverwertbarem Zustand in der Dickung. Dafür jage ich nicht.

Ich jage auch nicht, um dann einen großen Teil des Wildbrets, weil es sulzig und blau unterlaufen ist, verwerfen zu müssen oder einen Schusskanal,

Die Hauptsache sind zuverlässige, schnell tötende, aber wildbretschonende Laborierungen, die Pürschzeichen hinterlassen.

der voller Splitter ist, großzügig ausschärfen zu müssen. Deswegen mag ich keine Teilzerlegungsgeschosse. Sie töten zwar augenblicklich, aber die Splitter, also die Sekundärgeschosse, sind im Wildköper absolut unkontrollierbar. Sie können bei einem sauberen Blattschuss den Pansen perforieren, in der Keule sitzen oder den Ziemer teilentwerten. Ich will einen Ausschuss und nicht deren fünf.

Die bleifreien Geschosse, die diverse klientelpolitische Landesregierungen in Deutschland den Jägern vorschreiben, verkomplizieren die Problematik. Es gibt sicherlich Laborierungen, die sehr gut und sauber funktionieren. Aber es gibt sie nicht in der gesamten Kaliberpalette. Patronen wie die 7 x 57, die 6,5er und die langsamen 5,6er Kaliber sind mit bleifreien Geschossen kaum einsatzfähig. Wer gesetzestreu jagen will und diese an sich hervorragenden Kaliber jahrelang erfolgreich geführt hat, muss sich neue Waffen zulegen. In den höheren Kalibern muss man unliebsame Kompromisse eingehen: entweder Deformationsgeschosse und die Gefahr von Nachsuchen oder Teilzerleger und die Gefahr von entwertetem Wildbret. Ich hege keine Zweifel, dass irgendwann tatsächlich brauchbare Alternativen in wirklich breiter Palette angeboten werden, aber bis dahin trägt man eine übereilte und unüberlegte Politik auf den Schultern des Wildes und der Verbraucher aus.

BEKLEIDUNG

Wer Joppe trägt, ist ein Lodenjockel und achtet mehr auf die Einhaltung von Tradition und Brauchtum als auf richtiges Jagen. Wer Tarnmuster und „Funktionsklamotten" trägt, ist ein besinnungsloser Schießer und Schädlingsbekämpfer ohne Achtung vor der Kreatur. Darüber hinaus tragen Lodenjockel grundsätzlich Hut und Schädlingsbekämpfer ausschließlich Baseballmützen. Erstere schießen alles mit dem Drilling, letztere alles mit dem Automaten.

Es ist ebenso erheiternd wie bestürzend, wenn man sich die Verbalschlachten dieser beiden verfeindeten Lager im echten oder virtuellen Leben anhört oder durchliest. Wer zu einem Zweck andere Mittel nutzt als man es selbst tut, der verfolgt offenbar auch einen anderen Zweck, und der kann ja nur unheilig sein. Deswegen erwarte mein Leser bitte nicht, dass ich einer der beiden Parteien in Sachen „äußere Erscheinung des Waidmanns" das Wort rede, sondern lediglich ein paar Hinweise zur Praktikabilität diverser Kleidungsstücke bei der Blattjagd gebe. Diese Jagd vereint nämlich zwei recht widersprüchliche Elemente: Zum einen holt man sich das zu erlegende Wild sehr nah heran, zum anderen bleibt man dabei alles andere als still und regungslos. Man macht das Wild nicht nur auf die eigene Position aufmerksam, man schreit sie ihm regelrecht entgegen und darf dabei doch nicht entdeckt werden. Da kommt es schon sehr auf das an, was man anhat.

Wir wissen inzwischen, dass Wild rote Töne anders sieht als wir, nämlich in grünlichem Gelb. Blautöne dagegen leuchten heraus. Grün- und Brauntöne werden vor allem als dunkel erkannt. Deswegen kann man sich ruhig im roten Hemd an den Blattstand hocken, die allgegenwärtigen Jeans sollten aber besser im Schrank zu Hause bleiben. Wichtig ist, dass die Kleidung nicht große, reflektierende Farbflächen zeigt. Eine melierte Joppe ist besser als ein hellgrünes Hemd. Ich halte weder eintönig helle noch eintönig dunkle (stets auf den Hintergrund abgestimmte) Kleidung für sinnvoll, eine gesunde Mischung aus beidem macht es aus. Je kleinflächiger das Muster ist, umso größer ist die Chance, dass sich die menschliche Silhouette im Gelände auflöst. Tweed macht sich das beispielsweise zu eigen, indem verschiedenfarbige Garne

Loden tarnt.

zu Karos gewebt werden. Größere Reviere in England und Schottland lassen sich eigens Stoffe anfertigen, deren Farben genau auf die generellen Farben des Reviers abgestimmt sind. Es ist immer wieder erstaunlich, wie farbenfroh so ein Tweedjacket im Haus aussehen kann und wie sehr der Träger draußen im Revier damit im Gelände verschwinden kann.

Somit ist Tweed eigentlich nichts anderes als der Vorläufer der Tarnbekleidung. Und gegen Tarnkleidung ist speziell bei der Blattjagd absolut nichts einzuwenden, ich nutze sie in manchen Revieren selbst. Wichtig ist dabei aber, dass die Farben halbwegs hineinpassen. Wer im sommerlichen Nadelwald mit einer Tarnjacke herumläuft, die den herbstlichen Laubwald imitiert, wird dem Rehwild recht schnell auffallen. Als sehr praktisch empfinde ich für die Blattjagd ganz leichte, hauchdünne, aus Netzstoffen gefertigte Tarnjacken, die man über die normale Bekleidung anzieht. So kann man auch im kurzärmeligen Hemd losziehen, was bei der Hitze um diese Jahreszeit sehr angenehm sein kann. Für das Blatten in Wiesen und an Hecken habe ich eine Überziehgarnitur aus solch leichten Netzstoffen in 3D-Tarn. Ich gebe gerne zu, dass man darin alles andere als intelligent aussieht, eher wie der Versuch eines wenig begabten Comic-Zeichners, der eine lustige Waldgeschichte erzählen möchte. Der Tarneffekt dieser Bekleidung ist aber erstaunlich, zumal sie – vor geeignetem Hintergrund – auch ein gewisses Maß an langsamer Bewegung für das Wild verschwinden lässt.

Beim Blatten wird es schwerfallen, die Hände absolut still und außer Sicht zu halten. Sonst ist das eigentlich eine Grundbedingung bei Pürsch und Ansitz, da unsere weißen Hände in Bewegung auf das Wild ungefähr so wirken als würde man in der Nacht mit einer Taschenlampe herumfuchteln. Deswegen habe ich es mir auch bei heißestem Wetter zur Angewohnheit gemacht, bei Pürsch und Ansitz, ganz besonders aber beim Blatten, dünne dunkle Handschuhe zu tragen. Damit kann ich ohne Weiteres den Blatter im Mund halten, einen Schalltrichter formen oder den Schall mit den Händen steuern, ohne mich zu verraten. Dass auch mit behandschuhten Händen keine schnellen und hektischen Bewegungen gemacht werden dürfen, sollte eigentlich keiner Erwähnung bedürfen.

Dunkle Handschuhe verbergen auffällig helle Hände.

Eine Kopfbedeckung sollte bei der Blattjagd auch keinesfalls fehlen. Gesicht und gegebenenfalls Haare sind hell, und hat man keine mehr, dann leuchtet die unbedeckte Glatze weithin. Und auch wenn man braungebrannt und dunkelhaarig sein sollte, kann es doch sein, dass man die Sonne im Gesicht stehen hat. Eine Sonnenbrille beim Blatten hilft zwar gegen das Licht, aber auch gegen das Wild. Eine Hut- oder Mützenkrempe, entsprechend ins Gesicht gezogen, ist da vorzuziehen.

So heiß es im Sommer auch sein mag, von kurzen Hosen rate ich in der Blattzeit eher ab, es sei denn, man jagt ausschließlich vom Stand aus und nicht am Boden. Ich trage meine Kurzledernen zwar leidenschaftlich gern, aber zwischen grünen Stutzen und dunkler Lederhose schauen halt immer helle Knie heraus, und wenn ich mit denen durch den Wald wackle, dann kann ich auch gleich eine Blinkleuchte aufstellen. Nun bin ich aber einer von den Menschen, die schon von einer Neonröhre Sonnenbrand bekommen. Wer in der Sonne gute Bräune annimmt, dem geht es in Bezug auf

Leuchtknie vielleicht besser. Aber spätestens wenn am Blattstand die Mücken kommen, wird man den Vorteil einer langen Hose schätzen lernen.

Manche Jäger, vor allem die mit Pfeil und Bogen jagen, schwören auf Kleidung mit Geruchstarnfiltern. Auch wenn ich so etwas nie ausprobiert habe, bin ich doch überzeugt, dass das sehr gut funktioniert. Aber verwenden möchte ich es dennoch nicht. So ein wenig jagdliches Können wie z. B. das Beachten, Lesen und Ausnutzen des Windes will ich mir doch noch abverlangen.

BLATTER

Die Frage nach dem idealen Blattinstrument ist schnell beantwortet: Es ist das, was man am besten beherrscht. Den auch wenn das „Wie" des Blattens bei Weitem nicht der ausschlaggebende Teil des Ganzen ist, so ist mit grottenfalschem Herumgetröte im Wald einiges kaputtgemacht. Denn der Bock, der „auch auf ein quietschendes Fahrrad" hin springt, der steht eben nicht immer und nicht überall da, und andere Böcke können durchaus falsche von richtigen Geißen unterscheiden. Deswegen sollte man die Sache im Vorfeld geübt haben und – auch die Könner – vor der Blattzeit nochmals auffrischen.

Mit etwas Übung kann man Fieptöne nur mit den **Lippen** erzeugen, indem man sie zusammenpresst und die Atemluft hindurchbläst. Mit der Hand als Schalltrichter kann man so auch relativ laut fiepen, weit trägt der Ton aber nicht.

Weichselbodener Blatter. Wähle den Blatter, der dir am besten liegt.

Mit dem Blatt den Bock herzuholen, ist sicherlich die Hohe Schule. Man nimmt dafür ein festes Buchen-, Flieder- oder Lorbeerblatt, drückt es mit der flachen Seite quer an die Lippen und legt den Finger darüber, sodass der obere Rand des Blattes ungefähr mit dem oberen Rand der Oberlippe abschließt. Dann bläst man langsam vorsichtig, bis ein Ton herauskommt und versucht den, so gut es geht, zu modulieren. Geeignete Blätter findet man nicht unbedingt immer im Wald, so ist es ganz sinnvoll, wenn man in einem Brillen- oder Zigarettenetui einige rechtzeitig gepflückte bei sich hat. Ein feuchtes Stück Küchenpapier hält sie in der Schachtel gut für eine lange Blattpirsch frisch. Man kann auch auf Baumrinde, etwa von der Birke, oder auf Schilf- und Grasblättern ganz gut blatten. Auch kann man ein festes Blatt so zuschneiden, dass man es, zwischen Zunge und vorderen Gaumen gepresst, als Membran benutzen kann. Ich persönlich nutze solche natürlichen Blatthilfen aber eher weniger, denn zum einen ist darauf der Ton nicht so einfach zu modulieren wie auf „künstlichen“ Instrumenten. Zum anderen sind vor allem Baumblätter relativ leise, und wenn ich aufgrund hoher Umweltgeräusche wie einer Straße oder bei weiter weg stehendem Wild etwas lauter blatten muss, komme ich damit an Grenzen.

Blatter wie der **Rottumtaler**, der **Weisskirchen-Edelholz-Mundblatter**, der **Buttolo-Mundblatter**, der **Reitmayr** und ähnliche arbeiten alle nach dem Prinzip eines Klarinetten- oder einfachen Rohrblatt-Mundstücks. Ein schwingendes Blatt wird an einem Mundstück fixiert. Je nachdem, ob man dieses Blatt weiter vorne oder weiter hinten mit der Lippe gegen das Mundstück drückt, wird der Ton höher oder tiefer. Auch wenn man den Druck der Lippen gegen das Blatt zurücknimmt, wird der Ton tiefer. Das ist besonders beim Locken, beim Sprengfiep und beim Geschrei wichtig. Weisskirchen, Buttolo-Mund und Reitmayr haben zudem ein eigenes Mundstück

Rottumtaler Rehblatter Rose.

für den Kitzruf. Alle diese Blatter sind im Ton relativ hart, bis auf den Reitmayr, alle haben eine gute Bandbreite an Lautstärke. Allerdings ist das ganz leise Blatten mit diesen Blattern erst nach einiger Übung wirklich gut zu treffen. Ein Weiteres ist noch dazu zu sagen: Alle verschmutzen relativ leicht, denn der Speichel sammelt sich unterm Blatt und trocknet dann an. Da man einige dieser Modelle nicht zur Reinigung auseinandernehmen kann, sollte man sie nach Gebrauch kurz mit dem Taschentuch abwischen, und zwar auf Ober- wie Unterseite des Blattes. Sonst kann es passieren, dass man in einem entscheidenden Moment keinen oder nur einen sehr un-reh-haften Ton herausbringt.

Inzwischen habe ich gemeinsam mit Nils Kradel von der „Lockschmiede" selbst einen Blatter entwickelt, den **Universal-Rehblatter** mit integriertem Kitzfiep, der in mehreren großangelegten Tests als führend abgeschnitten hat. Er funktioniert im Prinzip wie die vorgenannten Modelle, hat aber eine höhere Lautstärken-Bandbreite und ist weicher im Ton. Sollte man in Situationen kommen, wo außerordentlich lautes Blatten notwendig wird (z.B. in der weiten Feldflur oder auf Hochalmen im Gebirge), lässt sich die normale Membran gegen eine härtere austauschen. Ich selbst habe alle Systeme probiert, habe mit Weisskirchen und Buttolo viele Jahre erfolgreich geblattet, führe heute aber nur noch (neben meinen Weichselbodener Blattern) den Universal mit mir. Er wird an einer Schnur um den Hals getragen und ist damit als „Notruf" sofort bei der Hand, lässt sich von sehr leise bis sehr laut einfach bedienen und ist so leicht, dass selbst das Vibrato beim Sprengfiep und Geschrei freihändig spielbar ist. Das ist von Vorteil, da ich beim Blatten die Waffe fast immer im Anschlag habe und selbst in Situationen unmittelbar vor dem Schuss noch freihändig einen Ruf abgeben kann.

Universal-Rehblatter.

Hubertus-Weichselholz, Hubertus Rehfiep Groß und **Weisskirchen Fiep-piu** funktionieren etwas anders. Hier nimmt man das „Blattstück“ nicht in den Mund, es ist fest im Inneren des entweder aus Kirschholz oder PVC gemachten Blatters verbaut. Seitlich ist eine Metallschraube angebracht, mit der man die Tonhöhe regulieren kann. Bei allen diesen Blattern kann man zwar auch den hinten abfallenden Ton erzeugen, den man braucht, aber man muss dazu die Schraube am Ende des Tons kurz und schnell „aufdrehen“. Da ich mich beim Blatten lieber auf die Umgebung und das Wild konzentriere, als mit beiden Händen ein Musikinstrument zu bedienen, nutze ich diese Systeme nicht, wiewohl sie sich großer Beliebtheit erfreuen. Der **Hubertus Rehfiep Klein** funktioniert übrigens nach ähnlichem Prinzip, allerdings verstellt man den Ton hier nicht per Schraube, sondern durch einen stiftförmigen Verstellschieber. Ein hinten abfallender Ton ist nur schwer darstellbar.

Weisskirchen-Edelholz-Mundblatter.

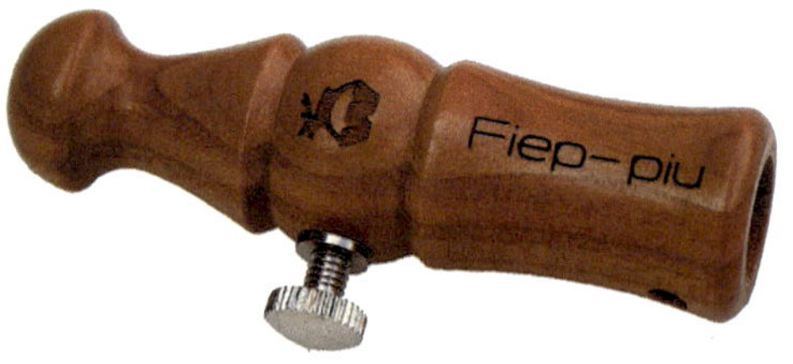

Weisskirchen Fiep-piu.

Die österreichische Firma **Faulhaber** bietet ein ganzes Set an aus Kunststoff gefertigten Blattern an. Es enthält einen Kitzruf und einen Schmalgeiß-Ruf sowie einen Spreng- und einen Geschreiblatter. Die beiden ersten sind fest auf einen gleichbleibenden Ton gestimmt, bei den beiden anderen soll das Abfallen des Tons durch Betätigung einer Drucktaste erzeugt werden.

Der **Buttolo-Gummiblatter** nimmt eine Sonderstellung ein: Er ist ein Gummibalg, in dessen Luftaustritt ein Blatter eingebaut ist. Man kann damit relativ einfach fiepende Geräusche erzeugen. Auch Sprengfiep und Geschrei sollen möglich sein: Man drückt dazu den Balg ganz ein, bis man eine Taste am Boden spürt. Wenn man die betätigt, fällt der Ton ab. Ich habe einen solchen Ball immer dabei, aber nicht, weil ich ihn für einen universal einsetzbaren Blatt-Gegenstand halte. Aber in die Joppentasche gesteckt, dient er als schnelle Notbremse, indem ich einfach auf die Tasche drücke und damit einen Fiepton erzeuge.

Buttolo-Gummiblatter.

Es gibt noch zahlreiche weitere künstlich hergestellte Blatter, die ich hier nicht alle aufzählen kann und die ich mit Sicherheit nicht alle kenne. Ich selbst nutze ein von meinem Großvater für Wechselboden hergestelltes Set von Blattern in unterschiedlichen Lautstärken und Tonhöhen. Sicherlich ist ein Instrument wie Rottumtaler oder Weisskirchen einfacher und weniger umständlich im Einsatz. Aber zum einen glaube ich fest daran, dass den Instrumenten aus großväterlicher Hand einiges vom jagdlichen Genie dieses Mannes innewohnt, zum anderen sind sie einfach wirklich sehr gut.

Ein Blattinstrument soll hier noch gesondert erwähnt werden, weil es fast immer zur Hand ist. Gelernt habe ich es von Niki Graf Draskovich, dem einzigen Onkel, den ich habe, der jünger ist als ich: ein Geldschein. Wenn man den straff spannt und dann scharf auf die Kante bläst, erzeugt man tatsächlich einen recht weitreichenden Ton. Mein Onkel nannte dieses Instrument vor der Euro-Umstellung den „Daffinger-Rehruf", weil der damals von ihm favorisierte österreichische 20-Schilling-Schein das Konterfei des Malers Moritz Daffinger trug. Wie sein heutiger Lieblingsblatter heißt und welchen Nominalwert er trägt, entzieht sich leider meiner Kenntnis.

Sonstiges

Neben den vorgenannten Ausrüstungsgegenständen bzw. -hinweisen gibt es noch einige andere Sachen, die beim Blatten praktisch oder gar wichtig sind und die es lohnt dabeizuhaben. Besonders wichtig ist dabei ein guter **Zielstock**: Ob das nun ein normaler Bergstecken, ein Zwei- oder ein Dreibein ist, das man in der Hand trägt, ist der Vorliebe und der Schießfertigkeit des Einzelnen überlassen. Wichtig ist dabei, dass man davon a) stabil schießen und b) problemlos die Schussrichtung wechseln kann, falls der Bock nicht da stehen bleibt, wo man gerade hinschaut, sondern nach links oder rechts weiterzieht. Wenn man dann erst umständlich die Zielhilfe umstellen muss, womöglich noch mit viel Geklapper, dann bringt das ganze Ding nichts. Es gibt aber heute recht gute solche Zielhilfen mit einer drehbaren Gabel oben, die noch dazu zusammenschiebbar sind und daher auch im Knien oder Sitzen gut verwendet werden können. Fest am Vorderschaft der Waffe angebrachte ausklappbare Zweibeine halte ich beim Blatten für eher hinderlich, da sie a) die Büchse kopflastig machen, b) eine zusätzliche Lärmquelle darstellen, die man zu beachten hat, und c) einen flachen Schusswinkel erzeugen und meistens nicht ausreichen, um über den Bodenbewuchs zu kommen.

Insektenschutz ist auf der Blattjagd immer von Vorteil. Denn wenn man dauernd mit den Händen nach irgendwelchen Mücken oder Bremsen schlagen muss, ist das der Ruhe, die man am Blattstand einhalten sollte, nicht sonderlich hilfreich. Insektensprays helfen, allerdings sollte man sich damit komplett einnebeln, also nicht nur die nackten Hautpartien, sondern auch Haare und Kleidung. Sonst findet immer eine Mücke den Weg zur Unzeit. Recht praktisch sind auch Armbänder, die einen Insektenabwehrstoff enthalten. Allerdings sollte man diese einige Stunden getragen haben, bevor man hinausgeht, damit sie ihre volle Wirkung entfalten, die dann einige Tage anhält. Schutz vor Insekten kann auch für erlegtes Wild notwendig sein. Unter bestimmten und tunlichst zu vermeidenden Umständen kann es beim Blatten geschehen, dass ein sofortiges Bergen des Wildes nicht machbar ist. Dass das Wild dann aufgebrochen werden muss, ist klar. Um zu verhindern, dass

Auch ein Bergstecken kann gut als Zielhilfe dienen.

dann Fliegen ihre Eier ablegen, was sie ggf. in kürzester Zeit tun, haben sich Moskitozelte bewährt, wie sie im Outdoorhandel angeboten werden. Sie sind waschbar und mehrfach verwendbar.

Ebenfalls praktisch sind **Papiertaschentücher,** nicht nur um die Nase oder die Optik sauber zu halten. Sie helfen auch sehr beim Auffinden von Anschüssen mit wenig Schweiß. Man faltet eines auf und zieht es mehrfach am Anschuss durchs Zeug. Wenn Pürschzeichen da sind, werden die fast sicher auf dem Taschentuch zu sehen sein.

An **Optik** reicht fürs Ansprechen oft das Zielfernrohr der Büchse. Dennoch sollte man immer auch ein leichtes, mindestens achtfaches Fernglas dabeihaben. Es hilft beim Beobachten auf mittlere Distanzen. Ich für meinen Teil habe auch fast immer das Spektiv dabei. Es kann oft passieren, dass man auf größere Distanz einen Bock stehen sieht. Mit dem Spektiv weiß man recht schnell, ob es sich lohnt, diesen Bock anzugehen oder ob man sich besser woanders hinwendet.

Sicher wird es noch viele andere kleine Nützlichkeiten geben, die man mitführen und im Wald verlieren kann. Da ich beim Blatten am liebsten pürsche und von Stand zu Stand gehe, versuche ich möglichst wenig Zeug mitzuschleifen. Was ich aber oft dabeihabe, ist ein kleiner digitaler Fotoapparat mit ausreichend starkem Objektiv. Zwar haben unsere Taschentelefone alle inzwischen erstaunlich gute Kameras, aber für gute Aufnahmen eines abwechselnden, aber nicht schussbaren Bockes reichen sie kaum.

VII. KAPITEL

Blatterlebnisse

So schön und vielleicht auch gut jagdliche Sach- und Fachbücher sein mögen, die Praxis, die Erfahrung, das Erleben können sie nicht ersetzen. Man lernt das Blatten nur dadurch, dass man es betreibt, und dieses Lernen endet zumindest meiner Erfahrung nach nie. In jeder Blattzeit erlebe ich Dinge, die ich so zuvor noch nie erlebt habe und sehe ebenso früher gemachte Erfahrungen bestätigt oder einst Erlerntes widerlegt. Meinem Leser wird es hoffentlich genauso ergehen und so könnte eigentlich er mir erzählen, was seine Erlebnisse sind oder waren. Dennoch glaube ich, dass dieses Buch ohne einige Erfahrungsberichte nicht vollständig wäre. Daher möchte ich hier ein paar Gegebenheiten schildern, die einiges von dem, was ich im „sachlichen" Teil dieses Buches geschrieben habe, unterstreichen und vielleicht etwas genauer ausleuchten.

AUSNAHMEN VON DER REGEL

Es ist nicht ohne Grund gute Regel, den Bock nicht vom Dunklen ins Helle zu rufen. Speziell ältere Semester überwinden diese Grenze nur ungern, und wenn sie so gerufen werden, dann ziehen sie lang an der Kante des Einstands auf und ab und beobachten genau: Entweder sie nehmen den Menschen wahr, dann sind sie weg, oder sie sehen eine Gaiss, dann kann es sein, dass sie kommen. Deswegen ist es eigentlich weitgehend sinnlos, sich an eine gemähte Wiese zu setzen und dort zu blatten. Vor einigen Jahren im Innviertel war aber genau das der Fall. Der Berufsjäger hatte mich auf einen landschaftlich wunderschön gelegenen Sitz gebracht. Der Stand lag in einer kleinen Lücke zwischen zwei Schacherln (für den weniger süddeutsch verbalisierten Leser: „Wäldchen"), zwischen zwei Bauernhöfen mit den ortsüblich sprechenden Namen „Totengräber" und „Stoabatzer". In der Ecke hatten wir schon mehrfach geblattet, aber – weil immer von der Wiese aus und allenfalls unter ein paar Obstbäumen gedeckt – ohne Erfolg. Einen Bock hatten wir zwar vom Stoabatzer aus gesehen, aber der war halt bei der Gaiss gestanden und daher nicht herzuholen gewesen.

Ich hatte meinem Pürschführer zwar mehrfach und auch recht deutlich versucht klarzumachen, dass bei solcher Standwahl wenig ginge, aber das hatte nichts gefruchtet. Es ginge hier halt nicht anders, sie hätten nur diese Stände, da müsse es dann halt so gehen. Irgendwie. Vielleicht. Mal sehen. Auf jeden Hinweis, dass man doch besser im Bestand es probiere, an einem gedeckten Platzel unweit der Dickung, gab es als Antwort, dass da unüberwindliche Hindernisse entgegenstünden. Man könne da nichts machen, es müsse so sein und anders nicht.

Es war früher Abend, als wir auf dem beschriebenen Hochstand ankamen. Ich hatte fest vor, diesmal nicht zu blatten und rechnete mir mehr Chancen auf einen zufällig austretenden Bock aus. Links und rechts von unserer vielleicht zwei Meter hoch stehenden Kanzel schoben sich die beiden Schacherln auf zehn und fünfzehn Schritt her. Nach hinten hinaus wäre an ein Schießen aus zwei Gründen nicht zu denken gewesen: Zum einen stand da der Totengräber-Hof und zudem war die Wand der Kanzel auch hinten geschlossen. Vorne hinaus gab es aber Wiesen soweit man schauen konnte und die nächste querlaufende Waldkante war auf hundertachtzig Schritt zu sehen.

Mein Pürschführer, der mich seit vielen Jahren kennt, weiß, dass ich leidenschaftlich gern blatte. Darum war er doch etwas erstaunt, als ich meine Instrumente in der Tasche stecken ließ und nur in die Gegend schaute. Ob ich nicht doch langsam anfangen wollte? Nein, es passe noch nicht. Fünf Minuten später kam die nächste, diesmal mit Hinweis auf den nicht optimalen Wind abgelehnte Aufforderung. Eine Viertelstunde darauf machte er den nächsten Versuch, ich ließ mir die nächste dumme Ausrede einfallen und so ging es weiter und so fort. Irgendwann wurde es ihm dann doch zu dumm: „Herr Graf, i moa, Sie meng heid goarned nix blattln!" – „Ja, das stimmt – was soll das hier auch bringen? Da springt doch eh nix außer jungen dummen Buben her!" Da weinte er fast: „Sie hamd ja recht, abs was soid i doa? Mir hamd nur des Schtandl do und im Zeig drinnad mags da Herr Jagdherr ned leidn. Gehns, deans ma doch die Freid und blattlns a wenng, a paar Pfiff nur grad, weil i's gor sovui gern hörn mog. Und do herein duads ganz bschtimmd schee." Das rührte mich dann doch: Blatten, auch wenn es sinnlos ist, aber halt doch gut zu Ort, Stunde und Stimmung passen würde. Ich tat dem Mann den Gefallen, holte blind irgendeinen Blatter aus der Tasche und legte ohne jede Einleitung und ohne jedes Vorspiel los: breit, laut, ordinär und stur in eine einzige Richtung.

Nach dem vierten Pfiff packte mich der Jager am Arm: „Do moa i kimmd wer!" Mit dem Kinn deutete er auf die Waldkante vor uns. Und tatsächlich zog es da brandrot im Bestand unter den Eichen daher, soviel konnte man durch die Haseln und Hollerstauden am Trauf erkennen. Ich machte trotz aller erlebten und erlernten Lehre weiter, und richtig sprang der Bock sauber und stichgerade in hohen Fluchten über die sonnenbeschienene Wiese bis auf 50 Meter vor den Hochstand, wo er dann die Kugel bekam. Er war noch nicht einmal mehr jung, fünf eher als vier Jahre alt. Allerdings ist mir so etwas in all meinen Blattzeiten genau dieses eine einzige Mal passiert.

*

Gegen alle Lehren blattete ich weiter und tatsächlich sprang der Bock.

Über das leise oder weniger leise Angehen an den Blattstand ist schon viel geschrieben worden, und meist heißt es, man solle sich so leise wie irgend möglich verhalten. Das ist auf der Jagd und insbesondere auf jeder Pürschjagd (und dazu gehört das Blatten) sicher grundsätzlich richtig, aber bei der Blatterei kann es sehr deutliche Ausnahmen geben. Die krasseste solche, die ich je erlebt habe, geschah am 31. Juli 2004 in England – das Datum lese ich am Schild des Bockes ab, der dabei zur Strecke gekommen ist. Mein niederländischer Freund, der mich – damals noch zu Aufbauzwecken – in dieses Revier geholt hatte, wollte mit mir auf eine Faulpürsch gehen. Wir waren irgendwann um die Elfe des Vormittags losgezogen, hatten an einem brennheißen und drückenden Tag ein oder zwei erfolglose Stände in den Wäldern auf der anderen Talseite des Herrenhauses absolviert und wollten eigentlich die Sache schon wieder bleiben lassen. Ein kühler Gin mit etwas Tonic schien die angenehmere Alternative.

Wir kamen aus dem Haupttal des Reviers einen Hang hoch, da fiel mein Blick im Gegenhang auf eine Blöße. Sie lag in einem von Stechginster bös zugewucherten Schlag, an den sich ein Buchenaltholz anschloss. Da drin wusste ich eine Blöße – besser eine Fläche lichteren Bestands, die nahe der Ginsterfläche lag und an die sich hangab ein wildes Haseldickicht anschloss. Da drin wollte ich es probieren. Nicht weil ich dort einen Bock wusste, aber es schien einfach richtig und sinnvoll. Allerdings war mir klar, dass wir auf dem Hinweg zu der mir vorschwebenden Stelle ziemlich viel Krach machen würden: Der Boden war knöcheltief mit trockenem Buchenlaub dekoriert. Ein Wechsel führte schräg durch den Bestand, auf dem würden wir halbwegs lautlos in den halben Hang kommen, aber den letzten Wegrest zum idealen Stand, von dem aus man auch noch in die Haseln sehen konnte, der war halt laut.

Nun ist mein Freund kein leiser Pürscher, aber als wir endlich da waren, da fand er, er müsse sein neuestes Gadget ausprobieren: Das war ein kleiner Metallsitz, den man mittels Gurt an einem Baumstamm befestigen kann. Die Geräusche, die mein Freund dabei hervorrief, ließen unser Antrampeln wie ein leises Flüstern erscheinen. Der Blechsitz schepperte wie das Tschinellen-Ensemble einer Janitqcharenkapelle, der Gurt quietschte wie ein Schwein beim Schlachter, und über das ganze Gelärme sprach mein Freund in Stentorstimme: „Mach Dir nicht draus, das hilft nur. Richard Prior schreibt, dass man auf dem Weg zum Stand ruhig Krach machen darf, dann wird der Bock neugierig und kommt erst recht!“ Damit setzte er sich auf seine Vorrichtung, die dann auch noch mit Krach und weiterem Geschepper zusammenbrach, mit Fußtritten gerichtet und erneut montiert wurde. Als dann endlich alles montiert und der Wald garantiert rehrein war, wies er mich an, dass ich jetzt anfangen könnte.

Ich tat es, aber nur meinem Freund zu Gefallen. Nach zwei Pfiffen streckte ein uralter Bock keine zehn Schritt vor meiner Position und auf meiner Seite des Standes das Haupt aus den Haseln, bekam die Kugel auf den Drosselknopf und lag dann mausetot da. Ob er an der Stelle im Tiefschlaf gelegen hatte und auf mein Blatten hochwurde, ob er aufs Blatt angesprungen oder ob er tatsächlich durch den infernalischen Radau angelockt wurde, das weiß ich nicht. Aber seitdem bin ich beim Angehen weitaus weniger lärmkritisch. Nur auf saubere Sichtdeckung lege ich weiter großen Wert – bis ich auch darin eines Besseren belehrt werde.

DIE WANDELNDE GAISS

Eigentlich bin ich per Zufall auf diese Methode gekommen. Ich will damit keinesfalls sagen, dass ich sie „erfunden" hätte – früher oder später kommt eigentlich jeder darauf, der sich mit der Blattjagd eingehend beschäftigt. Aber zumindest hatte sie mir keiner gezeigt, und eigentlich widersprach sie allem, was ich bis zu dem Zeitpunkt so gelernt hatte: geduldig blatten, leise sein, an einem Ort verharren, nach dem letzten Ton mindestens eine Stunde zuwarten und was halt dergleichen sicher richtige Lehren mehr sind. Nun bin ich leider kein mit großer Geduld gesegneter Mensch und ein eher unruhiger Geist, und darum habe ich selten die Lust und auch meist nicht die innere Kraft, in aller Stille an einem Blattstand auszuharren, wenn sich dort überhaupt nichts tut.

In meinem englischen Revier ist die Blattjagd eine sehr schwierige Angelegenheit. Das liegt im Wesentlichen am eigentlich schönsten Umstand dieser Jagd in den Gloucestershire Cotswolds: Es ist ein zum größten Teil völlig unbewirtschaftetes Revier. Das gute Dutzend kleiner Schacherln und Wälder ist im Wesentlichen dazu da, dass Fasanen hoch darüberstreichen, und die Wiesen, die gut drei Viertel der Fläche ausmachen und von dicken Hecken umgeben sind, werden nur einmal im Jahr gemäht. Das ist gegen Mitte August der Fall. Sprich: In der Blattzeit ist der Wuchs im Bestand und draußen so hoch, dass man Rehwild nur auf kurze Distanz oder an wenigen Stellen im Gegenhang sehen und beschießen kann. Wenn ich in den „gepflegten" Revieren von Deutschland und Österreich blatte, dann habe ich in einem guten Jahr in zehn Tagen zwölf passende Böcke liegen. In meinem englischen Revier schaffe ich in der gleichen Zeit vielleicht vier. Letztlich machen die aber mehr Freude.

Ganz im Osten des Reviers liegt ein kleiner Wald, insgesamt vielleicht siebeneinhalb Hektar, und mittendrin eine bürstendichte Dickung auf zwei Hektar. Drumherum sind reiche und gut sichtgedeckte Wiesen, mithin also eine Ecke, in der sich ein guter Bock lange Jahre aufhalten kann, ohne je vom Jager gesehen zu werden. Denn in den Wald war keiner je recht hineingegangen und draußen auf den Wiesen war es so: Stand ein Reh sichtbar, dann war es ohne jeden Kugelfang. Und hatte es Kugelfang, dann war es nur auf kürzeste Distanz sichtbar.

An einem drückend heißen Tag in der Blattzeit vor mehreren Jahren hatte ich die morgendlichen Blattstände ergebnislos absolviert, und nach dem Frühstück war es zu heiß, um sich eine Vormittagssiesta zu genehmigen. Ich zockelte daher ins Revier und bummelte so ein wenig an den Hecken entlang, aber zu sehen war da auch nichts. Irgendwann kam ich an besagtem Wald an, Oxleaze heißt man es da. Weil der Wind von Norden her zog, stieg ich am untersten Eck in den Wald ein. Da gab es eine kleine Blöße, an deren Rand ich mich hinter einen Baum stellte und zu blatten begann. Und mit dem ersten Pfiff wusste ich: Hier wird das nichts. Woher der Gedanke kam, was der genaue Grund war – ich kann es beim besten Willen nicht sagen. Es passte einfach nicht. Es fühlte sich nicht richtig an. Es sollte nicht sein. Nicht da, nicht jetzt.

Wie ich es gelernt und tausendfach schon getan hatte, spielte ich mein G'sätzl zu Ende und wartete dann brav zu. Eine Zigarette lang (damals rauchte ich noch), dann nach einer Pause noch eine, und dann hieß ich mich einen Deppen: Wozu an einem Eck herumstehen, wo völlig klar war, dass nichts ginge und da zuwarten wie der Ochs im Regen? Ich hängte mir die Ferlacherin über die Achsel und packte zusammen. Heimgehen, irgendwas essen, ein ordentliches Glas Wein, dann vielleicht schlafen. Mit diesen Gedanken im Kopf verließ ich den Wald wieder. Draußen an der Wiesenkante schaute ich noch mal die ganze Länge von Oxleaze Wood ab und dabei fiel mir etwas auf.

Vom untersten Zipfel von Oxleaze, wo ich stand, bis hinauf zum Knick, wo die Bürstendickung begann, waren es gut 300 Schritt. Und bis dort hinauf waren am dicht mit Büschen bestockten Trauf vier Lücken zu sehen, Einlässe also. Dreißig Schritt vor mir der erste und der letzte vierzig Schritt vor der Dickung. Groß waren die Einlässe nicht, vielleicht eben etwas über rehhoch, also müssten in einem jeden Wechsel stehen. Wo Wechsel wären, könnte auch drin im Bestand eine kleine Blöße sein. Und dazu fiel mir ein Satz ein, den mir meine Mutter beim Blatten einmal gesagt hatte: „Steh nicht still und pfeif' in ein Eck. Dreh dich. Die Gaiss steht auch nicht still." Wenn die Gaiss nicht stillsteht, dann steht sie auch nicht immer am selben Fleck!

Ich pürschte leise zum nächsten Durchlass, schloff dort in den Wald hinein, fand tatsächlich auf allen vieren kriechend eine kleine Blöße und richtete mich ein. Dann kramte ich meine Blatterschachtel heraus und wollte mir eine der kleinen Pfeifen meines Großvaters ins Maul stecken. Aber welche? Wenn ich mich schon als Gaiss bewegen wollte, dann musste ich auch darauf achten, dass ich nicht auf dreißig Schritt des Wegs von der Schmalen zur Alten oder umgekehrt geworden wäre. Nur: Welchen Blatter hatte ich am ersten Stand verwendet? Das wusste ich, so halbherzig wie ich dort geblattet hatte, nicht mehr. Letztlich war es eine gewisse Speichelfeuchte, die mir den richtigen Blatter verriet. Und weil in meinem Set von jeder Stimmung mindestens ein leiser und ein lauter Blatter vorhanden sind, hatte ich mithin auch die zwei Instrumente beieinander, mit denen ich dieses Stückl zu egal welchem Ende spielen würde.

Die Blöße vor mir war klein. Nein, sie war eher winzig. Ein Schreibzimmer groß, wie das, in dem ich jetzt sitze. Nun kann so ein Schreibzimmer mehrere Welten enthalten, aber für einen eventuell anwechselnden Bock ist es dann doch recht klein im wahren Leben. So gab ich gerade mal acht oder neun Laute ab, dann schwieg ich still. Ein, zwei Raschler im Laub gab ich noch ab, das war alles. Ich weiß, dass in jeder besseren Jagderzählung jetzt etwas von „leisem Rascheln“, „stillem Anwechseln“, „verräterischem Vogelruf“ oder ähnlichen Dingen stehen würde. Hier nicht, weil sich tatsächlich überhaupt nichts Wahrnehmbares tat. Ich loste, lausche, schaute, starrte, fühlte und sehnte in den Wald hinein. Nix. Gar nix. Null Komma überhaupt ganz und gar nix tat sich.

Aufgegeben wird allenfalls ein Brief. Den Satz hatte ich damals schon verinnerlicht. Und ganz leer verließ ich diesen Blattstand nicht. Eine Spur im Bodenbewuchs hatte mir etwas gezeigt: Quer durch den ganzen Wald zog sich ein starker Wechsel. Keiner von denen, die von vielen begangen werden, sondern einer von denen, auf denen einzelnes Wild läuft – aber das immer wieder und regelmäßig. Jetzt, in der Rückschau zum vorherigen Stand, erinnerte ich mich; da unten kam er genau auf meinen Stand zu, von dort aus ging es in die Wiesen. Am nächsten Stand müsste der Wechsel demnach auch genau lesbar im Waldbodenbewuchs stehen, schaute ich nur genau genug.

Der Ortswechsel dauerte genau zwei Minuten. Eine bummelnde Gaiss mochte etwas länger brauchen, so ließ ich mir am nächsten Stand etwas mehr Zeit. Hier war es eine echte, wahrnehmbare Blöße, die da vor mir im Wald stand. Oval war sie, am langen Ende stand ich, und in der Breite bot sie fünfzehn Gänge vielleicht, fünfzehn Gänge auf einem genau wahrnehmbaren Wechsel mitten durch die freie Stelle. Einen jungen Ahorn fand ich, am Boden schon gezwieselt, die Stämme maßkrugstark. Das sollte reichen für Deckung und Anhalt. Ein kurzer Blick ins Lager der Kipplaufbüchse: Da schimmerte es messinggelb. Nach Lehrbuch wäre ich jetzt durchgerasselt, denn ich hatte von Stand zu Stand nicht entladen. Aber das Lehrbuch war weit hinter mir und ich wusste um meine Büchse und wie sie zu handhaben war. Weit würde ein Schuss hier nicht sein. Das Zielfernrohr verschwand im Jackentaschel, und ich war bereit für den nächsten Blattstand.

Mein Ahornzwiesel bot mir guten Anhalt direkt auf den Beginn des Wechsels und fünf Gänge hinein, dann würde ich einen anderen Stamm nehmen müssen, um den Rest der Blöße bestreichen zu können. Deswegen ließ ich die Waffe am Boden stehen. Das Wechseln von einem Stamm zum anderen wäre mehr an verräterischer Bewegung als das direkte Auffahren. Dann nahm ich den leiseren der beiden Blatter. Ich war jetzt auf hundert Gänge an der Dickung und der Bock mochte schon unterwegs sein.

Ich nahm das Hölzel in den Mund und blies sacht hinein. Der erste Ton stand klar im Wald und ehe er verklang, ließ ich den zweiten und dann den dritten folgen. Dann schwieg ich still, mehr traute ich mich hier nicht. Es war keine bestätigte Wahrnehmung, kein Hören. Da raschelte nichts, da rief nichts zurück, nichts Gefiedertes und nichts Behaartes – zumindest nicht hörbar, nicht klar und vollends wahrnehmbar. Aber spürbar, fühlbar, erlebbar, gewiss doch. Da war einer.

Die Waffe ließ ich immer noch am Boden stehen, aber die linke Hand hatte Fühlung mit dem Lauf. Mit der rechten hielt ich den Blatter im Mund fest und rief erneut, leiser und vielleicht auch lockender als zuvor. Und dann kam es rot schon daher. Oben im ganz leicht ansteigenden Hang zog da einer sacht daher. Schob sich mehr durch das Maßholz, als dass er sprang. Stand nicht Tritt um Tritt, aber doch Meter um Meter auf dem Wechsel dem Ruf, der schon die ganze Zeit in seinem Wald von Ort zu Ort gezogen war, zu. Zog dann vollends in die Blöße hinein, zeigte eine breitbehäbige Figur, starken Träger, lichtes Haupt und wenig unter den Stangen und war im freihändig auf keine fünfzehn Schritt hingedeuteten Schuss verendet.

Ich renne sonst rasch zum Wild und lasse wenig Zeit verstreichen, bevor ich an meine Strecke trete. Hier saß ich lange mit der abgeschossenen Hülse immer noch im Lager da und wiederholte die letzte Stunde ein ums andere Mal. Erlebte sie neu, wog sie neu, genoss sie neu. Wer da vorn lag, das wusste ich noch nicht. Aber dass er wert war und wichtig, das schon. Alt ja, reif ja – und wäre er es auch nicht gewesen: Um der Stund und der Stimmung halber wäre mir auch ein halbgarer Jüngling rechte Beute. Ich brachte ein Rauchopfer und ein zweites, saß noch eine Weile, ging dann richtig aus dem Wald und nicht zum Wild, um ihm und mir den rechten Bruch zu holen. Standen auch Eichen reichlich umher und ist mir die Eiche sonst das liebste Holz am Hut: Hier musste mein englischer Hauptbruch her, der Hagedorn. Weiß blühte er jetzt nicht mehr, wir schrieben schon Sommer. Aber ein paar rote oder halbrote Beeren mochte ich finden für letzten Bissen und Schützenbruch.

Als ich dann endlich an meinen Bock trat, hätte es mir eigentlich einen Riss geben müssen. Aber es war ein ruhiger, selbstverständlicher Moment. Ich hatte ihn zuvor nie gesehen und er mich wohl auch nicht. Alt war er, reif auch und stark dazu. Korbig das G'wichtl, ein ungerades achtes End dazu auf der rechten Stange, die linke hinten tief gegabelt. Begriffen hab' ich die Krone dort wohl, kapiert lange nicht. Dass er nicht mein Bester war und werden würde, auch das mochte sich irgendwie in die letzten denkenden Zellen meines Selbst geschlichen haben – alle anderen waren mit dem Fühlen beschäftigt. Aber dass er einer der Wertvollsten immer sein würde, daran bestand vom Moment, zu dem er in die Waldstreu sank, bis auf den heutigen Tag kein wie auch immer gearteter Zweifel. Denn ich habe von ihm, an ihm und mit ihm unendlich viel lernen dürfen.

Den alten Bock brachte die „wandelnde Gaiss".

REIGEN UND RÜCKRUF

Das Fleckchen lag an der nordöstlichen Grenze des Reviers, wo die Hänge steil hinabstürzen. Von der Hochstraße geht es durch ein wüstes Stangenholz an manchen Stellen schier senkrecht hinunter, aber dort, wo der Steilhang endet, ist ein langes Plateau, ein Band eher, vielleicht zehn starke Mannsschritte breit, und hier stockt ein schmaler Streifen Hochwald. Oben die Stangen, unten dichte Haseln und zwischendrin Zimmerfluchten, Salons und Salettln, Büros und Bibliotheken, wo sich der Hausherr von Capreolus recht behaglich eingerichtet haben mochte. Zudem war dieses Appartement nach zwei Seiten durch Einzäunungen abgesichert, sodass dort selten nur ein Mensch hinkam. Dieser Ort hatte mich gerufen, mit dem Jagdfreund wollte ich eigentlich hinein, aber er wollte lieber allein auf einen Stand mit Ruhe und Weitblick. So war es also gekommen: Allein stand ich jetzt da und hatte einen Pürschabend zu Spiel und Jagd.

Ich hatte mich, so leidlich leise es halt ging, durchs Stangenholz auf das Plateau hinabgelassen und war just am oberen Ende der Zimmerflucht angekommen. Wäre ich auch nur ein kleines Wenig der alte Gagern, dann hätte ich mich jetzt rechtschaffen niedergelassen in irgendeinem Wurzelgestühl, hätte mir einen Homer oder den Lederstrumpf eines James Fenimore Cooper aus der Tasche geangelt, mir ein großwürdiges und langdauerndes Brandopfer unter die Nase gesteckt und mir den Demetrius oder Slahziz vor den Kugellauf der Büchsflinte ziehen lassen unter Geknurpsel und Raschelwisch. Aber außer einer Liebe, einer Ehrfurcht und der Tatsache, dass meine Kippläufige auch aus Ferlach stammt, trennt mich von dem Großen doch viel. Vor allem habe ich seine Geduld nur selten, und heute hatte ich sie bestimmt nicht. Ich suchte mir einen deckungsgebenden Baum mit genügendem Ausblick auf die Wechsel, die ich wusste, und begann mein Blattspiel. Auch so etwas, was mich von Gagern dann halt leider doch trennt: Er verachtet die Blattjagd, mir ist sie das Höchste.

Vor mir lag das Plateau, bestockt mit altem Ahorn und noch älteren Eichen. Der seit Ewigkeiten grasüberwucherte alte Rückeweg grenzte es nach unten hin gegen das Haseldickicht ab, hinter mir war eine kleine Blöße am Zaun. Da würde nichts kommen. Ich legte mir meine Blatter zurecht – einen hohen, lauten fürs flurbereinigende Kitzrufen, einen hellen, halblauten für die lockende Schmalgaiss, und zwei mit wärmerem Timbre für die Altgaiss, sollte denn gar nichts gehen. Die Kitzstrophen verhallten ungehört. Nichts regte sich im sommerlichen Spätnachmittag, keine Amsel schalt, kein Fink zeterte. Ich horchte weit hinein ins Dickicht, ob leises Rascheln im alten Laub mir etwas verriete. Stille allenthalben. Die Zigarette, die ich in Ruhe zu rauchen gedacht hatte, fand vor der Hälfte ihr Ende. Leise erst rief ich mit der Schmalgaiss in den Wald hinein, etwas lauter, fordernder dann. Nichts. Keine Regung, kein Hinweis, keine Antwort.

Ein Sprengfiep wäre das Nächste gewesen, aber da war etwas, das mich abhielt. Mit einem Mal war es klar: Ich stand hier falsch. Dem Lehrbuch nach war die Stelle zwar goldrichtig, aber nicht nach dem Fühlen. Irgendetwas stimmte nicht im Gleichklang.

Der dreigeteilte Stamm des Ahorns zwanzig Schritt weiter hinein in die Zimmerflucht? Ich pürschte mich leise hin, das weiche Gras im lichten Hochwald ließ sich geräuschlos begehen. Und doch dauerte jeder Schritt lange Zeit. Meine Augen suchten zwischen smaragdenem Licht und moosfinsterem Schatten nach dem roten Fleck, von dem ich tief drinnen so genau wusste, dass er da war, nicht nur nicht weit, sondern hier zugegen, nur verborgen halt noch. Ein falsch gesetzter Fuß, eine unbedachte Bewegung, und das Wild wäre samt der Gewissheit seiner Anwesenheit dahin. Ich schaffte den Weg ohne Verrat. Aber auch der Drillingsstamm fühlte sich nicht richtig an. Besser zwar, aber stimmig noch nicht. Ich gab vier oder fünf zaghafte Rufe ab, wissend, dass sie mir hier keinen Bock herbringen würden. Aber der Gesamtheit wegen schienen sie mir richtig. Einige Minuten stand ich still, dann wusste ich, wohin ich in diesem Stück Welt gehörte: Auf nochmals dreißig Gänge stand da eine hohe und breitstämmige Eiche, und just an dieser Stelle war eine kleine Blöße in den Haseln, so groß wie mein Schreibzimmerl vielleicht. Das Stangenholz kam von oben her bedenklich weit den Hang hinab, aber das war nicht von Wichtigkeit. Der Ort stimmte, der Ort war der richtige, dort hatte es mich vom ersten Gedanken an dieses Waldstück an hingezogen. Das wusste ich nun mit großer Sicherheit. Erreicht habe ich die Eiche an diesem Nachmittag nicht.

Im langsamen Pürschenstehen hatte ich vielleicht zwei Drittel des Weges dorthin hinter mich gebracht, da kam er von oben auf dem Wechsel durch das Stangenholz heran. Gibt mir auch unterm Jahr jedes noch so kleine Geräusch bei der Pürsch auf den Bock einen Riss mittendurch – jetzt, in der hohen Blattzeit, darf ein Rascheln, ein Knacksen, ein Anstreifen wohl sein. Ganz lautlos bewegt sich auch die Gaiss nicht, sucht sie nach dem nächsten Galan. Den Bock da in den Stangen hatten meine Rufe von weit hinten wohl rogel gemacht. Dass er eine Bewegung im Wald hörte, hatte ihn wohl weiter angestachelt. Ein Fehler allerdings war in meinem Kalkül: Der Wechsel, auf dem er ankam, führte zwar schräg hangab, aber dennoch stichgerade auf mich zu und zeigte für einen Augenblick nur ein gänzlich ungleiches Stangenpaar. Mit dem ersten Gewahrwerden der roten Bewegung hinterm grünen Laub war ich stockstill stehen geblieben und hatte den Kopf auf die Brust gesenkt. Der Bock wechselte im Troll immer näher heran, bis er schließlich er keine zehn Schritt vor mir verhoffte. Im Blick meiner gesenkten Augen konnte ich die Schalen sehen, wie sie in der Waldspreu standen, wie sich dann in scharfer Bewegung die eine hob, heftig wieder in den Waldboden stieß, die andere dieselbe Bewegung vollführte. Sekundenlang standen beide Läufe still, auf ein Kurzes wiederholte sich die Schrittfolge ein zweites und drittes Mal. Dann endlich wurde der Bock gewahr, dass hier nicht alles zum Rechten stand und sprang den Wechsel entlang mit weit gespreiztem Spiegel ab. Fünf, sechs weite Fluchten setze er, dann hörte ich sein Schrecken.

Ein schneller Griff in den Hosensack brachte einen Blatter hervor, und in das Schrecken setzte ich das Große Geschrei. Der Bock verhoffte auf dem Wechsel, querte dann das Plateau und flüchtete hangab in die Haseln. Ich rief ihn weiter mit dem Blatter in höchsten Tönen an, bis er abermals unten im Hang verhoffte und – sichtlich unklar darüber, was da oben vor sich ging – zu mir heraufsicherte. Ich verschwieg augenblicklich, und als das Haupt des Bockes sich im exakten Takt des Scheinäsens senkte und hob, rief ich ihm in weichen und leisen Tönen nach. Wenn es mit dem Blatten richtig will, dann folgt der

Bock wie an der Schnur gezogen. In weitem Bogen kam er von unten durch die Haseln wieder den Hang herauf an den Rückeweg und verhoffte dort just da, wo die Blöße unterhalb der Eiche begann. Der Figur nach war er nimmer jung. Den Schuss haben wir beide nicht mehr vernommen.

Ich blieb längere Zeit als sonst allein für mich an der Stelle im Gras unter den Bäumen sitzen und erlebte diese letzte Viertelstunde – denn länger hatte all das Erleben vom ersten Blattstand bis zum Ende nicht gedauert – wieder und wieder, bis ich dann endlich ans Wild trat. Er war bei Weitem älter als ich es im ersten Anblick vermutet hatte. Rechts stand eine gute Sechserstange auf tiefen Dachrosen auf einem eisgrauen Haupt, links war es nur noch ein zurückgesetzter, stumpfer Spieß. Ein Trieb der Eiche, die mich gerufen hatte, war sein letzter Bissen, ein Zweig davon mein Bruch.

War das Liefern durch das enge Haselholz im heißen Sommerabend auch eine schweißtreibende Sache – ich hab es gern getan. Es soll doch auch gejagt

Der Bock war bei Weitem älter, als ich vermutet hatte.

sein, und hab' ich nicht mein Teil daran geschwitzt und getan, hätte ich den Bock unter einer Kanzel prosaisch in den Kofferraum verfrachtet, wär' es weniger gewesen als es war. Ich streckte und verbrach ihn an einer Waldwiese und machte mich dann durch den Sommerabend auf den Weg zum Wagen, wo ich den Jagdfreund erwartete.

*

Auch wenn ich es gerne hätte: Des alten Gagern zweites Gesicht, die innere Schau nach Stunde und Stelle eines bestimmten Bockes hatte ich nie. Gesondert dann nicht, wenn ich mir Wunder was auf meine stets mehr erwünschten als erlebten paranormal-medialen Fähigkeiten einbildete. Hatte ich mir einen ganz bestimmten Bock nach Gagern'scher Art und Manier an einer ganz bestimmten Stelle zu ganz bestimmter Stunde recht felsenfest eingebildet, war es eigentlich immer die Garantie einer leeren Pürsch. Aber ganz hin und wieder beschleicht mich dann doch eine Idee, eine Ahnung, eine Ahnung einer Idee, dass es unter Umständen lohnend sein könnte, einmal da- oder dorthin genauer zu schauen. Das war an diesem Nachmittag Mixie Valley. Genauer ist dieser Revierteil in den „Afrikanischen Blattereien" beschrieben mit all seinen Schwierigkeiten und Hindernissen, doch letztlich waren es neben dem Anflug der Ahnung genau die, die mich für den faulen Nachmittag so zwischen drei und fünf dorthin gehen ließen.

Das Auto hatte ich gleich zu Hause gelassen: Es war ja doch nur eine Ahnung und damit fast sicher ein Nichts, zudem war es ein schöner Gang vom Haus weg dort hinüber: drei viertel Stunden, ein Stündlein vielleicht, langsam gebummelt, da gesessen, dort geschaut. Die Wiesen waren leer, an den Waldrändern oder in den Hecken, im Schatten der verfallenen Feldmauern mochte vielleicht etwas niedergetan sein, sichtbar war es deswegen eben nicht. Drei oder vier Blattstellen hatte ich mir zurechtgedacht für den Komplex von Mixie: zwei raume, obenhin im Wald, eine ganz heiße, nahe, enge da, wo die beiden Dickungen zusammenstießen, im Eck, und eine noch, keine aussichtsreiche, ein Probiererle unten im Talwäldchen, unter den Fichten, auf denen immer die Tauben saßen und mit großem Krach abstrichen, sobald ein Zweibeiner ihnen zu nahe kam. Und als ich über den Hügel oben bei Humblebee herunter ins Tal kam, da war jeder Plan mit einem Mal wie weggeblasen, war jede Überlegung, die ich mir über der Revierkarte erbrütet hatte, verflogen. Ich ging – oder es ging mich – geradewegs in den Talwald hinein.

Brusthoch stand das Staudenwerk am Rand, auf allen vieren schloff ich auf einem Wechsel in das Kraut hinein, nicht wissend, ob und wo ich meinen Stand finden würde. Aber die Fichten standen drinnen so dicht, da mussten Blößen sein, lichtlose Flecken, auf denen außer Moos nichts wuchs. Da wollte ich hin, nicht mitten hinein, nur just schön an den Rand hin, denn auf den oder die freien Flecken hin, da wollte ich den Bock mit dem Blatter holen. Das Staudenwerk wurde langsam lichter, jetzt konnte ich es schon wagen, in der Hocke vorwärtszukommen, zwei, drei Gänge noch und ich durfte mich aufrichten, ohne an raschelndem Wuchs anzustreifen. Und richtig: Vor mir, drei Mannslängen zum Rand hin, lag eine Blöße, so groß vielleicht wie ein Esszimmer oder ein Salon. Groß genug allemal, um dorthinein einen Bock zu blatten. Ich sah mich um und merkte, dass ich durch Glück und blinden Zufall in diesem Wäldchen, dass ich sommers noch nie betreten hatte, an ein perfektes Blattplatzel geraten war: Die Blöße lag genau im Zentrum des Wäldchens, zu meiner Linken schloss sich die große Dickung an, die sich hinaus auf die oberen Wiesen zog, rechts von mir war dichtes Staudenwerk bis zu dem kleinen Wildacker an der Straße hinaus. Sogar der Wind passte genau: Es gab ihn nicht, die Luft lag völlig still. Ein Kinderspielzeug, das ich gern in der Pürschtasche dabeihabe, hat mir das verraten: Seifenblasen. Sie zeigen genau, an welcher Stelle zwischen Stand und Wild der Wind wohin weht. Hier drin verharrten sie unschlüssig an der Stelle und sanken dann langsam zu Boden.

Auf den Kitzfiep verzichtete ich von vornherein: Die Blöße war zu nah, als dass diese Form der Vorfeldaufklärung besonderen Sinn gehabt hätte. Ich gab gleich und umgehend die suchende, junge Gaiss. Das G'sätzl verhallte unter den Fichten, der Wald blieb reglos und still. Ganz gegen meine eigentliche, ruhlos-ungeduldige Blattnatur spürte ich, dass ich auf diesem

Stand alle Zeit der Welt hätte, sie mir zu nehmen. Ich träumte mir die letzten Tage her samt ihren Bildern und Erlebnissen, ließ sie einzelweis' vor mir vorüberziehen und hing ihnen lustvoll lang nach. Gab danach einige weitere, leise, leichte Töne und schlug dann das Buch meiner Gedanken auf anderer Seite wieder auf. So hielt ich es lange Zeit, nah an drei Viertelstunden hin. Jetzt hatte ich doch das Gefühl, es etwas härter, fordernder zu halten: Lauter ließ ich das Blatt klingen, zog den Ton am Ende tiefer, ließ ihn vibrieren. Dreimal, vier, fünf, ein sechstes Mal. Und mit dem Ton setzte es hoch über Strauch und Stauden, stand es brettlbreit leuchtrot mitten in der Blöße: Bock!

Dass er noch kein rechtes Alter hatte, sah ich auf den ersten Blick: Das rote Wams saß ihm wie angegossen stramm und sauber, lang war der Träger, fest Kinn und Bauch. Das Gesicht war bunt und farbenfroh, die Rosenstöcke bildeten ein deutlich wahrnehmbares Rechteck unter den Rosen. Darüber aber kam es endlos lang und perlig heraus: Doppelt lauscherhoch und weit ausgelegt waren die Stangen, schwach und kaum zum Gabler vereckt, massig bis obenhin. Die Waffe blieb am Baum lehnen: Der war nicht zu nehmen. Der junge Bock schob seinen senkrecht gehaltenen Träger bald links, bald rechts, suchte die Gaiss zu sehen, die ihn gerufen hatte, fand sie nicht und begann mit zackiger, energischer Bewegung heftig zu plätzen, dass Nadelstreu und Ästlein in breitem Bogen durch den Wald sausten. Hielt nach einigen Hieben wieder stille, spähte in den Wald hinein, begann endlich wieder zu plätzen, diesmal aber nervös mit allen vier Läufen und in so kurzem Tempo, dass das Wild fast in die Piaffe fiel. Endlich wurde es dem Bock unheimlich, er schreckte teils unsicher, teils empört, tat zwei, drei steife Schritte zum Rand der Blöße hin und sprang laut schimpfend ab.

Jetzt wollte ich wissen, was geht und was nicht: Ins Schrecken hinein gab ich das Große Geschrei in lauten, langen Tönen. Der Bock verstummte sofort und hielt, schon fast in der Dickung, inne. Ich tat es ihm gleich und hielt den Atem an. Das Wild war vollends verunsichert: War er eben noch in hohen Fluchten von mir weggestürmt, hatte es ihn nun auf der Hinterhand herumgerissen, unentwegt äugte er in meine Richtung. Zwei-, dreimal gingen Träger und Haupt zu jeder Seite. Als er immer noch nichts entdecken konnte, tat er ein paar Stechschritte und blieb wieder stehen, als sei er in Stein gehauen. So ging es mehrere Minuten lang. Auf die Blöße wollte er eindeutig nicht mehr hinaus, das war ihm zu unheimlich. Am Dickungsrand entlang zog er in Richtung der Wiese hinaus, gleich würde er meinem Blick nicht mehr erreichbar sein, würde er den Wald verlassen haben. Ich hielt weiter eisern still und lauschte, ob draußen im Tal sein Schrecklaut zu vernehmen sei. Dann würde ich mit Sicherheit wissen, dass er hangauf in den Wald geflüchtet sei. Aber alles blieb völlig still. War mir vorhin die Warterei noch schiere Lust gewesen, wurde sie jetzt zur Qual: Da draußen an der Waldkante wusste ich den Bock, aber sehen konnte ich ihn nicht. Zu dick und dicht standen die Stauden. Da war nur noch regloses Stehen sinnvoll. Und genau dann, wenn man das Wild nur weiß, aber nicht sieht, dann juckt es ganz gemein an den unerreichbarsten Stellen, dann sticht der Krampf in die Waden, rinnt der Schweiß in die Augen und abertausende Gelsen stürzen sich blutgierig auf jede ungeschützte Stelle des Körpers.

Warum ich mich nicht bewegt habe, da ich doch wusste, dass der Bock zu jung sei, um ihn zu schießen? Was hätte ich schon anrichten können, hätte ich meine Starre aufgegeben, mich geschüttelt und gekratzt und meines Wegs begeben? Warum blieb ich stehen? Weil ich es wollte. Weil ich es wissen wollte. Weil ich sehen wollte, wer von uns beiden der Schlauere, der Gewieftere ist: das Tier mit seinem Instinkt oder der Mensch mit seinem Intellekt. Ich drehte mich in unsichtbarer Langsamkeit zum Waldrand hin und suchte mit meinen Augen jede noch so kleine Lücke zur Wiese hin ab. Es schimmerte rot durch das satte Grün hindurch: Der Bock kam langsam den Waldrand entlanggezogen mit tiefer Nase suchend, näherte sich unaufhaltsam meinem Einwechsel. Ob der mich jetzt nach gut einer Stunde verraten würde? Der Bock hielt nur ganz kurz inne, dann zog er weiter, hinter mir durch. Ich folgte ihm mit meinen Blicken, bis ich ihn nicht mehr sehen konnte. In diesem Moment wusste ich, was anschließend geschehen, was logische Folge dieser Auseinandersetzung sein würde. Ich wartete so lange zu, bis der Bock bei gleichbleibender Geschwindigkeit den Wildacker auf der schmalen Seite des Talwaldes erreicht haben musste, dann nahm ich das

Glas von der Büchse und gab einige laute, scharfe Fieper mit dem Blatter. Der Bock sprang sofort, und als er mitten in der Blöße stand, schoss ich ihm die Kugel durchs Leben. Als er fiel wünschte ich, ich hätte es nicht getan.

Lange bin ich bei ihm gesessen im Wald von Mixie Valley und habe nachgedacht. Drei Jahre alt war er und hätte eines Tages ein Rarer, ein ganz Guter sein können. Ja, ich hatte ihn überlistet, ja, ich hatte ihn mir erjagt und erarbeitet. Aber schießen hätte ich ihn nimmer müssen, um mir zu beweisen, dass ich Herr der Situation war. Denn das – so weiß ich es heute – war der einzige Grund, warum ich ihn geschossen habe: Weil ich es konnte.

Auf meinem Buckel habe ich den Bock die Stunde Wegs nach Hause getragen. In der Wildkammer schlug ich das Haupt ab und wässerte es, am nächsten Morgen gab es für mich keine Pürsch. Ich kochte den Bock aus und richtete ihn fertig zu. Als ich zwei Tage später wieder nach London fuhr, lag der gebleichte Schädel auf dem Beifahrersitz. Im Schreibzimmer hing ich das Haupt so auf, dass mein Blick jedes Mal, wenn ich von der Arbeit aufsah, darauf fallen musste. Memento. Gedenke!

SPITZGEKRIEGT!

So sehr man auch aufpasst, kommt es immer wieder vor, dass ein Bock etwas mitbekommt am Blattstand. Das muss nicht unbedingt daran liegen, dass man unvorsichtig war. Es reicht unter Umständen schon, wenn der Bock aus welchen Gründen auch immer zu nah an den Stand heranrumpelt. Bei einer Blattwoche am Niederrhein sollte ich mit dem Berufsjäger einen bestimmten Bock schießen, der seinen Einstand in einem Kiefernjungwuchs hatte. Nun ist das Revier dort ziemlich topfeben, sodass man nur an ganz wenigen Stellen vom Boden aus blatten kann und meist auf Hochstände angewiesen ist. An dieser Stelle war das ebenfalls so: am Forstweg der Hochstand, direkt vor uns die Kiefernschonung, rechts davon ein stellenweise gut einsichtiges Stangenholz. Neben dem Stand auf unserer Wegseite war links eine breite Dickung aus Buchenkusseln, hinter dem Stand zog sich nach rechts ein relatives großes und raumes Buchenaltholz.

Der Stand – eine halboffene Kanzel – war zum Blatten mit fast vier Metern Sitzhöhe wenig geeignet, zudem stand er keine fünf Meter von der Dickung entfernt. Ich hatte meinen Pürschführer darauf auch hingewiesen, aber er meinte, dass man es doch probieren sollte. Es kam, wie es zu erwarten war: Nach wenigen Pfiffen stand der avisierte Bock auf kürzeste Distanz auf dem Forstweg, äugte einmal zum Hochstand hinauf, merkte wohl, dass da oben kaum eine Gaiss sitzen würde und sprang dann auf unserer Seite des Weges in die Buchen – klarerweise eher empört schreckend.

In so einer Situation muss noch nicht alles verloren sein. Man kann dem Schrecken sehr gut abhören, wie vergrätzt der Bock ist. Je häufiger er schreckt und je weiter er dabei abspringt, umso geringer werden die Chancen, und ganz vergeigt ist dann, wenn er wortlos, mit weit offenem Spiegel und blitzartig in die Dickung verschwindet, um dann drinnen im Staccato zu schimpfen. Unser Bock schreckte zwar ziemlich unaufhörlich, blieb aber dabei in den Buchen ziemlich genau an einem Fleck.

Theoretisch wäre jetzt genau der richtige Moment für ein sofortiges großes Geschrei meinerseits gewesen, um dem als alten Platzbock bekannten Stück einen Nebenbuhler vorzuspielen. Aber von diesem Stand aus war mir das zu riskant. Ich fragte meinen Pürschführer, ob es irgendeine Stelle gäbe, wo man verantwortungsvoll und sicher vom Boden aus schießen könnte. Tatsächlich gab es eine, fünfzig Schritt vielleicht den Weg zur Rechten entlang. Ich bat den Berufsjäger und seinen Lehrling, der uns begleitet hatte, schnell mit mir abzubaumen und zu der beschriebenen Stelle zu gehen. Währenddessen schreckte der Bock in den Buchenkesseln regelmäßig weiter.

An der neuen Position gab ich sofort scharfen Sprengfiep und ging dann ins Geschrei über. Der Bock sprang nach wenigen Minuten – allerdings habe ich ihn dann auf fünfzig Schritt scheibenbreit gefehlt.

*

Im gleichen Blattsommer hatte ich einige Tage später im österreichischen Gebirge ein ganz ähnliches Erlebnis. Ich saß mit dem Berufsjäger an einer eineinhalb Hektar großen Almwiese – eigentlich wieder keine ideale Blattsituation. Allerdings war der niedrige Stand mit Hirn angelegt: Er war nicht direkt an der Wiese, sondern vielleicht vierzig Schritt im Bestand drin an einer Lücke, von der aus man die Wiese gut einsehen konnte. Zudem steht er auf einem kleinen Köpfel, sodass man zwar mehr oder minder auf dem Boden, aber dennoch gut überm Wild sitzt.

Hier oben wusste der Jager einen guten Bock, auf den wir es versuchen sollten: Ein zwar nicht sehr dicker, aber recht hoher, passend alter sei es. Als wir an der Wiese angekommen waren, stand ein einzelnes Kitz draußen, auf knapp 180 Schritt vor uns. Ich wartete eine Zeit zu, ob eine Gaiss dazutreten würde. Das Kitz blieb über gute zehn Minuten allein, das war also eine gute Situation, um mit dem Kitzruf zu schauen, ob die Mama in der Nähe womöglich mit einem Bock unterwegs war, den sie eventuell mitbringen würde. Leider tat sich in der Hinsicht überhaupt nichts. Die Gaiss war mit an Sicherheit grenzender Wahrscheinlichkeit mit einem Bock unterwegs, aber halt irgendwo so überriegelt, dass sie den Kitzruf nicht wahrgenommen hatte. Das passiert im Gebirge öfter als in der Ebene. Ich hätte es hier vielleicht aussichtsreich mit dem Kitzangstgeschrei versuchen können, aber mir ist diese Methode zu brachial.

Das Kitz zog nach einiger Zeit wieder in den Bestand zurück. Da es noch eine gute Zeit bis zur Dämmerung war und wir keinen weiteren Stand mehr vorhatten, konnte ich mir eine gute Viertelstunde Zeit lassen, bevor ich mit der normalen Blaserei anfing. Auf das erste G'sätzl Schmalgaiss tat sich nichts. Nach der zweiten Strophe kam auf der anderen Seite der Wiese ein Bock heraus. Ich verschwieg sofort. Der Jager sprach ihn als zwar passend, aber nicht als den gesuchten Bock an. Ich sollte ihn aber trotzdem herrufen, meinte er, denn er wäre gut zu nehmen. Ich blattete vorsichtig weiter und der Bock sprang sofort an. Ich rief verhalten und vereinzelt weiter, denn ich wollte ihn langsam herholen und dann auf brauchbare Schussentfernung anhalten.

Der Bock kam nicht in direkter Linie auf uns zu gesprungen, sondern hielt sich am rechten Waldrand. Dort war er nach einer gewissen Strecke für uns nicht mehr sichtbar, weil der Stand wie beschrieben etwas zurückgesetzt im Bestand positioniert war. Ich blattete noch eine Zeit lang so wie beschrieben weiter, doch als der Bock sich nicht zeigte, hörte ich auf. Darin lag wahrscheinlich der erste Fehler. Der zweite lag darin, dass ich dann – in der irrigen Annahme, dass der Bock in den Bestand gezogen wäre – wieder und vor allem lauter und fordernder weitermachte. Der Bock rauschte sofort her und blieb vielleicht fünfzehn Schritt vor dem Stand stehen. Der dritte Fehler, den ich gemacht hatte, war der, dass ich das Zielfernrohr nicht heruntergedreht hatte und deswegen den kurz verhoffenden Boch auf die geringe Distanz nicht ins Absehen bekam.

Meine Bewegungen im Stand musste er mitbekommen haben, denn er machte auf der Hinterhand kehrt und sprang schimpfend nach rechts in den Bestand hinauf, ziemlich genau auf dem Weg, auf dem er so schnell hergesprungen war.

Die Situation war ja nun schon vergeigt, also schrie ich ihm hinterher. Tatsächlich machte er weiter oben im Bestand kehrt, zog aber nun dort an unserem Stand vorbei, wohl um Wind zu bekommen, und kam schlussendlich rechts unterhalb des Köpfels, auf dem wir saßen, im Stechschritt den Weg entlang. Er verhoffte dort einige Zeit, stand dabei aber immer verdeckt. Da er schon sichtlich misstrauisch herangezogen war, rief ich nicht weiter und hoffte, dass er durch einen oder zwei weitere Gänge mir das Leben weisen würde. Den Gefallen tat er mir nicht, er zog – immer noch im Stechschritt – rechts spitz weg den Hang hinauf. Ich rief ihm ein paarmal vorsichtig hinterher, er hielt zwar darauf immer wieder kurz inne und äugte zurück, machte aber nicht mehr kehrt. Der war nimmer zu bekommen. Ich wollte mich bereits zurück aufs Sitzbrett sinken lassen, da packte mich der Berufsjäger am Ärmel und deutete mit dem Kopf nach hinten. Da standen auf zehn Meter Bock und Gaiss im Gewachs, und der Bock war zudem noch der angesagte Hohe. Er bekam meine Kugel aufs Blatt und sprang mit gutem Zeichen ab.

Allerdings konnten wir ihn letztendlich erst am nächsten Tag bergen: Ich hatte wegen der gesetzlichen Vorschriften in Deutschland meine neue Kipplaufbüchse von Anfang an auf ein bleifreies Geschoss eingerichtet, mit dem ich an sich schon ganz gute Erfahrungen gemacht hatte. Allerdings hatte die Kugel auf die kurze Distanz nicht aufgemacht, der Schuss war zudem zwischen zwei Rippen und ohne Knochen zu fassen durchgegangen.

Am Anschuss fand sich zwar Schweiß, aber im groben Bewuchs war die Fährte nicht leicht zu lesen, zumal jetzt auch das Büchsenlicht schwand. Der Jager führte zwar einen guten Schweißhund, der brav unterm Stand gesessen und sich das Ganze angesehen hatte, aber einen Schweißriemen hatte er leider nicht dabei. Da hinter dem Stand, wo ich hingeschossen hatte, ein grober Schlag und dann eine bürstendicke Fichten-Naturverjüngung waren, wäre eine freie Verlorensuche sinnlos gewesen. Früh am nächsten Morgen fand der Hund am Riemen den Bock nach gut hundertzwanzig Metern Flucht mit sauberem Schuss wie angesagt in der Dickung.

Er sprang, als ich einen anderen Bock „rückzurufen" versuchte.

DRESSUR

Dieser Begriff passt eigentlich überhaupt nicht zum Thema „Wild“, aber für ein bestimmtes Phänomen beim Blatten fällt mir eigentlich kaum ein besserer ein. Ich bitte daher um Nachsicht, wenn ich den jagdlichen Soziolekt in diesem Punkt vorsätzlich verletze. Wenn man es richtig anstellt, kann man einen aufs Blatt kommenden Bock regelrecht steuern und ihn von links nach rechts und dann wieder andersherum laufen lassen. Wichtig dabei ist aber, dass der Bock aufs Blatt k o m m t, also vergleichsweise ruhig anwechselt und nicht springt, als hätte er es wirklich nötig. Wie man das genau anstellt, habe ich weiter vorn im Buch, als es um die rechte Art zu blatten ging, bereits beschrieben.

Als ich mit dem Blatten ernsthaft begonnen hatte, hatte ich schon mehrfach davon gehört, dass man Böcke so wie beschrieben hin und her laufen lassen könne. Ein Freund beschrieb es so: „Wenn Du ihn einmal am Schnürl hast, dann kannst ihn laufen lassen wie einen Lipizzaner!“ Nun ja, so ganz stimmt der zweite Teil des Satzes nicht: Lipizzaner führen in der Wiener Hofreitschule nun auch die Hohe Schule an der Hand und frei vor, und Levade, Kapriole, Coupade oder Pesade habe ich beim Rehbock durchaus auch schon gesehen, aber immer nur auf Schuss, nie auf Befehl und allein schon deswegen nicht wiederholbar. Aber das mit dem „am Schnürl haben“, das stimmt schon: Ab einem gewissen Moment in der Blattstrophe merkt man, dass man die Kontrolle über den Bock hat. Das ist aber ein ganz dünnes Band, an dem man ihn führt, und macht man ein Weniges falsch, dann zerreißt es.

Als ich das erste Mal nach England kam, wurde ich vom Teilhaber meines heutigen Reviers dorthin gerufen, um ihm das Blatten zu zeigen. Er hatte auch davon gehört, dass man Böcke steuern könne und wollte das natürlich sehen. Allerdings musste ich dafür doch eine gewisse Zeit lang nach einer Gelegenheit suchen: Um einen Bock „tanzen“ zu lassen, muss ich ihn zu jedem Moment genau beobachten, muss sehen können, was er macht, wie er reagiert, schaut, steht. Nach längerer Herumpürscherei auf dem Revier kamen wir an ein langes Wiesental. Da stand ein mittelalter Bock im hohen Gras und mit dem wollte ich das Stück probieren. Ich bat meinen „Auftraggeber“, immerhin gute 20 Jahre älter als ich, auf alle viere und dann mit der Zeit in tiefste Gangart, denn wenn ich den Bock in Schleifen vor mir laufen lassen sollte, brauchte ich zum einen Raum und zum anderen den Wind genau im Gesicht. Das gelang auch ganz gut, und wir kamen gut an die Stelle, die ich mir zum Blatten ausgesucht hatte und wie es sie eigentlich nur dort in England gibt: unter einem spätblühenden Hundsrosenstrauch, der da irgendwo in der Hecke stand.

Der Bock stand gute hundertvierzig Schritt vor uns an der gegenüberliegenden Hecke. Ich suchte mir einen der leiseren und tieferen Blatter aus meiner Sammlung heraus, und schon auf das erste sachte Blatten hob er sehr interessiert sein Haupt. Ich hielt sofort inne, um zu sehen, was er machen würde. Er behielt das Haupt oben und schaute nach links und rechts, spielte mit den Lauschern und tat sehr interessiert. Ich gab zwei weitere, leise Pfiffe. Der Bock tat drei stolzierende Gänge. Ich blieb wieder still, er äugte wieder sichtlich gespannt herum. Noch mal ein Pfiff, dann ein zweiter, und der Bock kam in leichten Troll. Ich ließ ihn so ein paar Meter laufen, dann rüttelte ich an dem Strauch, unter dem wir saßen. Auf das Geräusch hielt er sofort an, aber man konnte ihm ansehen, dass er jetzt ernsthaft wissen wollte, was da war. Weil ich kein besseres Wort dafür habe, sage ich zu diesem Stadium: Er wird scharf. Ich kauerte mich so tief wie möglich ins Gras, gerade so, dass ich seine Bewegung noch sehen konnte, und rief noch eins leiser weiter.

Auf den ersten Ruf tat der Bock einen gestelzten Schritt, auf den nächsten zwei weitere, dann fiel er in Troll. Ich will beileibe nicht sagen, dass ich jetzt und daraus schließend erkannte, dass ich ihn unter Kontrolle hatte, und ich kann nur davor warnen, solches Verhalten als Zeichen dafür zu nehmen: Es war mehr ein Fühlen und dann ein sicheres Wissen, dass er jetzt an meinem Ruf hing. Ich gab zwei schärfere Pfiffe, er wurde schneller, und auf ein weiteres Geräusch von mir – diesmal war es ein kleines Ästlein, das ich brach, hielt er wieder inne. Mehr musste ich nicht sehen.

Ich brachte den Bock wieder in Gang, und als er ins Trollen fiel, drehte ich den Kopf nach links, schirmte mit beiden Händen den Ruf nach vorne hin ab, steuerte den Ruf so nach links ab und der Bock folgte dem Ton. Da er nun schon gut trollte, ließ ich ihn laufen, dann hielt ich wieder ein. Der Bock lief ein paar Gänge weiter, dann merkte er, dass der Ruf verstummt war und hielt an. Inzwischen hatte ich mich nach rechts gewandt und meinen Ton ebenfalls nach rechts gesteuert. Der Bock machte auf der Hinterhand kehrt und folgte dem Ton erst im Troll, dann schon in Fluchten. Er begann also zu springen. Als er ein gutes Stück seitab war, richtete ich mich rasch auf und gab einen lauten, scharfen Pfiff auf dem Blatter ab. Er hielt sofort an und äugte zurück. Mit wieder abgeschirmtem Ruf holte ich ihn jetzt wieder zurück, ließ ihn schneller werden, bis er auf unsere Höhe kam. Dann verschwieg ich wieder und ließ ihn sozusagen mit eigenem Schwung auslaufen, bis er von selbst anhielt. Holte ihn wieder her, stoppte ihn, ließ ihn kehrt machen und so fort, bis er letztlich keine zehn Schritt vor uns zwei- oder dreimal durchpassiert war. Es war für meinen damaligen Gastherrn und inzwischen guten Freund nicht einfach, in der Situation das Lachen zu unterdrücken, denn der Gesichtsausdruck des armen Bocks spiegelte die unterschiedlichsten Emotionen wider (ich weiß, dass ich jetzt eigentlich Zustände schreiben müsste, weil Tiere ja nach unsrem Dafürhalten keine Emotionen haben dürfen. Aber ich sehe es halt anders und schreibe darum so!): Gier, Ungeduld, Lust und inzwischen auch Frustration.

Wir drückten uns unter unserem Strauch in die Deckung und mussten recht lang zuwarten, bis der Bock endlich aus der Wiese verschwand. Er stand recht lange da und äugte herum, ob diese verflixte Gaiss, die ihn so genarrt hatte, vielleicht doch noch sich zeigen und zu Spiel und Liebeslust auftauchen würde.

*

In Bayern hatte ich seinerzeit ein ähnliches Erlebnis beim Blatten. Bei einem guten Freund unweit München war ich zur Blattzeit eingeladen worden und durfte ihm dort beim Abschuss der älteren Böcke helfen. Mit meinem Pürschführer – damals war er noch ein junger Jager in Ausbildung, heute ist er ein ausgelernter Revierjagdmeister, der ganz hervorragende Sau- und sonstige Jagden ausrichtet – war ich an eine fast viereckige Wiese gesetzt worden. Unser halbhoher Blattstand lag genau im Eck. Wir waren kaum aufgestiegen und ans Blatten hatten wir beide noch nicht gedacht, als links von uns ein

Jahrling austrat, kein ganz rarer, aber kein ganz schlechter auch nicht. Einer, den man nehmen und ebenso gut lassen konnte. Aber zum Schießen war es uns beiden noch zu früh, zumal wir in dem Eck keinen Ausweichstand hatten und die Jägerei damit recht früh vorbei gewesen wäre. Das Warten hatte sich durchaus gelohnt, denn nach vielleicht drei Viertelstunden trat uns gegenüber ein vielleicht vierjähriger, aber völlig indifferenter Bock mit zwei Gaissen aus. Das kann es gelegentlich geben, wenn einer mit der einen Gaiss grad eben fertig ist und sich schon die nächste sichern will. Oft habe ich das allerdings nicht beobachtet. Mein Begleiter meinte, dass der Bock gut passen würde, also schoss ich hin und er fiel mausetot um.

Ob es nun an der Form der Wiese mit dichtem Bestand ringsum gelegen hatte und daran, dass sich der Schussknall verschlug, oder ob an der generellen Konzentriertheit des Wildes auf das Wesentliche in der Brunft: Das mögen sich bitte Klügere und Gelerntere ausdenken. Aber weder der Jahrling noch die beiden Gaissen waren auf den Schuss hin abgesprungen. Speziell die Gaissen, deren Galan soeben wortwörtlich ins Gras gebissen hatte, benahmen sich recht wenig pietätvoll: Die eine äste ungeniert weiter, die andere stupfte den erlegten Bock einmal an, und als der sich mangels Leben nicht mehr rührte, nahm sie zwei, drei Kräuteln auf, hob dann das Haupt und eräugte den Jahrling, der immer noch seitab unserer Kanzel gemütlich äsend dastand. Die Gaiss, kein ganz junges Semester mehr, hielt direkt auf den jungen Kerl zu, setzte sich vor ihn, hielt ihm – Pardon, wenn es jetzt etwas ordinär wird, aber so war es geschehen – das Feuchtblatt vor den Windfang und zog ihn so zu absehbarem Zweck auch links in die Dickung. Mein Jager und ich sahen uns mit relativ leicht erratbarer Miene an.

Nach einer gewissen Frist kamen zuerst die Gaiss und dann der Jahrling wieder auf die Wiese heraus. Die Gaiss empfahl sich alsbald wieder, der Jahrling stand herum und wirkte sowohl ein wenig verträumt als recht entspannt. Dann äste er weiter. Die zweite Gaiss, die mit dem erlegten älteren Bock ausgetreten war, stand immer noch weitgehend am selben Fleck und holte sich dort ihr Abendessen. „Great minds think alike“, sagt der Engländer. Ich schaute den Jager an, er mich, dann nickten wir beide. Ich duckte mich nach rechts ins Eck des Standes und begann zu blatten. Der Jahrling hielt sofort direkt auf uns zu. Da ich mit dem Moment, zu dem er in Bewegung gefallen war, sofort verschwiegen hatte, sprang er an uns vorbei und setzte seine Suche entlang des Bewuchses, also spitz von uns weg, fort. Damit kam er zwar an der Gaiss beim erlegten Bock vorbei, aber das schien ihn nicht recht zu jucken. Oben im Eck hielt er an und schaute sich um. Ich pfiff jetzt nach links, der Jahrling sprang daraufhin brav die Längsseite vor uns entlang. Auf weitere Pfiffe kam er wieder auf uns zu, und ich ließ ihn nochmals rund um die Wiese laufen.

Die zweite Gaiss hatte das inzwischen spitzgekriegt. Als der Jahrling wieder links von uns angelangt war, ersparte ich ihm eine dritte Runde und hörte auf zu rufen. Er blieb stehen, schaute noch zweimal erstaunt in die Runde, dann begann er wieder zu äsen. Die Gaiss gesellte sich dazu, und genauso wie die erste setzte sie sich vor ihn, um ihn sozusagen „abzuholen". Offenbar hatte der junge Herr aber mehr Hunger als Lust und zeigte sich eher wenig beeindruckt. Das war der Dame aber egal. Wenn sie den Knaben nicht hinter sich herziehen mochte, dann konnte sie ihn ebenso gut vor sich herschiebe. Somit stellte sie sich hinter ihn und bugsierte ihn so in den Wald, abermals zu absehbarem Zweck.

Wiederum nach Anstandsfrist kam die Gaiss heraus, der Jahrling folgte etwas später, sichtlich langsamer und etwas steifbeinig. Sie äste sich quer durch die Wiese und trat dann auf der gegenüberliegenden Seite ein. Er nahm hier und da einen Äser voll, dann ließ er sich in die Wiese sinken und geruhte zu ruhen. Das war nun freilich nachvollziehbar. Aber der jagende Mensch ist zuweilen boshaft und kennt das Mitleid nicht. Abermals sahen sich Jager und Jagdgast an, grinsten eins hinterrotziger, nickten und begannen das Spiel aufs Neue. Auf den ersten Pfiff hin riss es den armen Jahrling hoch, dann folgte er brav der Natur und dem Ruf und absolvierte die nächste Wiesenrunde, dann noch eine, eine weitere und endlich eine vierte. Als er die fertig hatte, ließ er sich ermattet irgendwo in der Wiese und unweit seines erlegten – womöglich – Anverwandten nicht leider, sondern einfach aus dem Lauf in die Wiese fallen. Er war einfach fertig.

Über all das hatten wir beide auf dem Stand nicht gesehen, dass vor uns eine weitere, dritte Gaiss ausgetreten war, die den niedergetanen Jahrling sah, stichgerade auf ihn zuhielt und dann direkt vor unseren Augen begann, den jungen Kerl wahrhaftig zu animieren: Erst äste sie schamhaft und zwanzig Schritt vor ihm herum. Dann kam sie näher und schob sich beinah im Rückwärtsgang immer näher. Schließlich tat sie das, was eine Gaiss macht, wenn sie sich im Treiben stellt: Sie spreizte die Hinterläufe, senkte das Heck ab und streckte das Haupt vor. Der Bub hinter ihr sah einfach nur noch weg. Ihm war es wohl zu viel. Ihr aber auch! Was die Gaiss dann machte, habe ich davor noch nie und seitdem nie wieder gesehen und in der Literatur finde ich auch nichts darüber. Dennoch ist es genauso geschehen: Die Gaiss umschlug den widerwilligen Jüngling, stellte sich hinter ihn und trieb ihn mit recht unsanften Stößen ihres Windfangs zum einen aus der Ruh und zum anderen in den Wald. Irgendwann kam er allein daraus wieder hervor und brach am Trauf in sich zusammen. Offenbar hatte er sich das Brunftgeschäft etwas lustvoller und weniger fordernd vorgestellt. Auf einige wenige vorsichtige Rufe von mir hat er jedenfalls nicht mehr erkennbar reagiert.

Ich mag nimmer!

VIII. KAPITEL

Schlussbemerkung

Wir Rehwildjäger sind in der Jägerschaft langsam so etwas wie eine verfolgte Spezies. Wir werden als ewiggestrige Lodenjockel verschrien, die allein auf ein möglichst strotzendes Geweih des von uns erlegten Bockes achten und sich ansonsten um die Umwelt dieses Wildes, mithin um den Wald, einen Dreck scheren.

Man kann freilich aus forstlichen Gründen das Rehwild zu jeder Zeit dort totschießen, wo man es in Anblick bekommt, ohne Ansprache nach Alter, Geschlecht und Wertigkeit. Ob man damit auf Dauer an die gesetzten Ziele kommt oder eher ans genaue Gegenteil, das sei hier dahingestellt. Ich weiß, dass diejenigen, denen es nur um den Abbau dieser Wildart geht, sich die Hinweise, die ich in diesem Buch gegeben habe, für ihre Sache zugutemachen werden. Ich kann sie daran nicht hindern. Es wird ihnen aber ihr Tun und Handeln zu ihren Zwecken auf Dauer nicht dienlich sein, und darüber freue ich mich.

Den Verfechtern dieses sensenschnittartigen Jederzeit-Abschusses möchte ich aber eines auf den Weg geben: Die schönsten und erfolgreichsten und über viele Jahre nachhaltigsten Blatt- und Rehwildjagderlebnisse hatte ich fast durchweg in Revieren von Freunden, die von exakt dem Wald leben, in dem sie ihr Rehwild sinnvoll und sachgerecht bejagen. Sie leben recht gut. Vielleicht macht das die wenigen Jäger nachdenken, die solchen Menschen ihr Sache nicht neidend nach einem Weg suchen, wie man das Ding mit der Rehwildjagerei richtig angehen könnte.

Wenn sich zwei streiten, lacht sich der Dritte eins – und genau an die Gemeinde dieser Dritten ist dieses Buch eigentlich adressiert: Die, die ihren Wald und ihr Gewann sinnvoll bejagen, die wissen zumeist besser über die Blattjagd Bescheid als ich. Die, die nur das Reh totschießen wollen, wollen meist nur wissen, wie man größtmögliche Strecke macht, und da die Blattjagd dazu nicht geeignet ist, werden sie dieses Buch ungelesen lassen.

Und dann gibt es noch die, die es richtig machen wollen. Ich kann sie das „Richtigmachen" nicht lehren. Ich kann nur einige Hinweise geben und hoffen, dass es sinnvolle sind. Ich habe diese Hinweise und Ratschläge für mich in diversen Revieren erprobt und bin daher überzeugt davon. Aber ich lerne jeden Tag dazu und vertraue darauf, dass ich das noch ein Leben lang tun darf.

Wenn ich auch nur einen Leser davon überzeugt habe, dass dieses lebenslange Lernen nicht nur, aber insbesondere im Bezug auf die Blattjagd wertvoll und wichtig ist, dann ist dieses Buch nicht sinnlos geschrieben.

Bertram Graf v. Quadt
Baden-Baden, im frühen Jahr 2016

Index

1 Wolfram von Eschenbach: Parzival. Buch III, 120/6. URL: https://www.hs-augsburg.de/~harsch/germanica/Chronologie/13Jh/Wolfram/wol_pa03.html

2 Ebenda, 120/14.

3 Ernst Ritter von Dombrowski: Die Birsch auf Rot-, Dam-, Reh-, Schwarz- und Gemswild. Neumann, Neudamm 1903, S. 91 f.

4 Kurt Lindner: Deutsche Jagdtraktate des 15. und 16. Jahrhunderts. Walter de Gruyther & Co., Berlin 1959, S. 14.

5 Herrmann Friedrich v. Göchhausen: Notabilia Venatoris, Oder Jagd- und Weidwercks-Anmerckungen. Wie es zeithero bey der Löblichen Jägerey insgemein gehalten / welche Dinge practicabel oder impracticabel geachtet / und was vor Gebräuche und Gewohnheiten theils Orthen eingeführet und gewiesen worden / Auch Wie vielerley Arthen derer Gehöltze hin und wieder in Waldungen sich finden / wie dieselben nutzbarlich abzuholtzen und zu gebrauchen / auch andere unterschiedliche / einem Forst-Bedienten zu wissen / nöthige Sachen / Nicht weniger Aller bekandten Vogel Eigenschafften / so viel man aus der Erfahrung wahrgenommen hat / Aufgezeichnet von einem Der Jägerey-liebenden Weidemann / Welcher gerne in Wäldern Hörete Frühe der Vögel Gesänge. Carl Christian Neuenhahn, Nordhausen 1710.

6 Ebenda, 6. vermehrte Auflage, bey Siegmund Heinrich Hoffmann, Weimar 1764, S. 29.

7 Ebenda, S. 29 f.

8 Heinrich Wilhem Döbel: Neueröffnete Jäger-Practica oder der wohlgeübte und erfahrene Jäger, darinnen eine vollständige Anweisung zur gantzen Hohen und Niedern Jagd-Wissenschaft in vier Theilen enthalten. Die zweyte viel vermehrteund von Druckfehlern der ersten Ausgabe gereinigte Auflage. II. Theil, Cap. 56, S. 120. Johann Samuel Heinsius, Leipzig 1746.
9 Ebenda, I. Theil, Cap. 7, S. 26.
10 Georg Ludwig Hartig: Lehrbuch für Jäger und die es werden wollen. Rötzl und Kaulfuß, in der J.G. Cottta'schen Buchhandlung, Wien [u.a.] 1812, S. 152.
11 Ebenda.
12 Robert Hermes: Sonographische Trächtigkeit beim Europäischen Reh (*Capreolus capreolus*) und Quantifizierung endometrialer Veränderungen während der Diapause mittels computergestützter Graustufenanalyse. Inaugural-Dissertation zur Erlangung des Grades eines Doktors der Veterinärmedizin an der Freien Universität Berlin. Journal-Nr. 2151, 1997, S. 3 (Louis Ziegler: Beobachtungen über die Brunst und den Embryo der Rehe. Ein Beitrag zur Lehre von der Zeugung für Physiologen und naturforschende Jäger. Hellweg'sche Hofbuchhandlung, Hannover 1843; Theodor Ludwig Wilhelm Bischoff: Entwicklungsgeschichte des Rehes. Ricker, Gießen 1854).
13 Ferdinand v. Raesfeld: Das Rehwild. Naturbeschreibung, Hege und Jagd der Rehe infreier Wildbahn. 3. neubearbeitete Auflage, Verlagsbuchhandlung Paul Parey, Berlin 1923, S. 329 ff.
14 Ebenda, S. 282–297.
15 Ebenda, S. 563–568.
16 Dr. Hermann Ellenberg: Zur Populationsökologie des Rehes (*Capreolus capreolus* L., Cervidae) in Mitteleuropa. Spixiana, Zeitschrift für Zoologie, Supplement 2, München 1978, S. 155.
URL: http://www.landesmuseum.at/pdf_frei_remote/SpixSupp_002_0001-0211.pdf
17 Philipp Graf Meran: .Der Rehruf. Altes und Neues über die Blattjagd. 2. Auflage, Leopold Stocker, Graz 2000, S. 37.

18 Albrecht v. Bayern: Das jagdliche Vermächtnis Herzog Albrechts von Bayern. Anleitung zur Führung großer und kleiner Jagdreviere. Paul Parey, Singhofen 1997, S. 341 f.

19 A. u. J. v. Bayern: Über Rehe in einem steirischen Gebirgsrevier. 2. neu bearbeitete und erweiterte Auflage, BLV, München 1976, S. 170.

20 Ebenda, S. 163.

21 Dr. Hermann Ellenberg: Zur Populationsökologie des Rehes (*Capreolus capreolus* L., Cervidae) in Mitteleuropa. Spixiana, Zeitschrift für Zoologie, Supplement 2, München 1978, S. 155.

22 Ebenda, S. 156, Tab. 40.

23 Ebenda, S. 93.

24 Andreas David: Wann kommen die Kitze. In: Wild und Hund, Paul-Parey, Singhofen. URL: http://www.wildundhund.de/wild/3066-wild-und-hund-wild

25 A. u. J. v. Bayern: Über Rehe in einem steirischen Gebirgsrevier. 2. neu bearbeitete und erweiterte Auflage, BLV, München 1976, S. 45 f.

26 Dr. Hermann Ellenberg: Zur Populationsökologie des Rehes (*Capreolus capreolus* L., Cervidae) in Mitteleuropa. Spixiana, Zeitschrift für Zoologie, Supplement 2, München 1978, S. 97.

27 Bruno Hespeler: Rehwild heute – Neue Wege für Hege und Jagd. 7. neu bearbeitete Auflage (Neuausgabe), BLV, München 2003, S. 38 ff.

28 Dr. Hermann Ellenberg: Zur Populationsökologie des Rehes (*Capreolus capreolus* L., Cervidae) in Mitteleuropa. Spixiana, Zeitschrift für Zoologie, Supplement 2, München 1978, S. 151.

29 Richard Prior: The roe deer of Cranborne Chase. An ecological survey, with an appendix on the diseases of roe by A. McDiarmid. Oxford University Press, London 1968, S. 87.

30 Wolfram Osgyan: Rehwild-Report – Fakten und Konsequenzen aus 30 Jahren Rehwildmarkierung. 2., komplett überarb. Aufl., Edition Nimrod bei Jana, Melsungen 2007, S. 143.

31 A. u. J. v. Bayern: Über Rehe in einem steirischen Gebirgsrevier. 2. neu bearbeitete und erweiterte Auflage, BLV, München 1976, S. 45 f.

32 Robin Sandfort MSc.: Einfluss der Jagd auf die Raumnutzung des Rehwildes. In: Bericht über die 21. Österreichische Jägertagung 2015 zum Thema Schalenwildmanagement und Jagd. Irdning 2015.
URL: http://www.jagdundnatur.tv/episode/Vortrag04_SANDFORD

33 Dr. Marco Heurich: Rehwild auf Wanderschaft – Satellitentelelmetrie liefert neue Erkenntnisse. In: Hege und Bejagung des Rehwildes – Schriftenreihe des Landesjagdverbandes Bayern e.V., Band 20. Landesjagdverband Bayern, Feldkirchen 2013, S. 40 f.

34 Robin Sandfort MSc.: Einfluss der Jagd auf die Raumnutzung des Rehwildes. In: Bericht über die 21. Österreichische Jägertagung 2015 zum Thema Schalenwildmanagement und Jagd. Irdning 2015, S. 29 f.
URL: http://www.jagdundnatur.tv/episode/Vortrag04_SANDFORD

35 Ausschuss: beschießbare Fläche.

Bertram Graf Quadt

Miniaturen

und drei, vier größere Gemälde

Hardcover, 320 Seiten
150 Farbillustrationen von René G. Phillips
Format 16,8 x 23,5 cm
ISBN 978-3-7888-1553-0

Jagdliche Passion und bewusstes Erleben sind die Zutaten, die die Tiefe von Quadts Jagderzählungen ausmachen. In seinem dritten Buch nimmt er uns wieder mit in die reichen Reviere seines jagdlichen Schaffens, lässt uns schrullige Jägergestalten und einmalige Begebenheiten miterleben und nachfühlen. Dabei sind es oft die kleinen, ganz persönlichen Geschichten am Rande des großen Geschehens, die den Leser zum Nachdenken bringen und dazu einladen, sich selbst wiederzufinden in den Erinnerungen an Drückjagdstände, fordernde Pirsch und der liebevollen Auseinandersetzung mit dem, was wir zum Jagen alles so zu brauchen glauben.

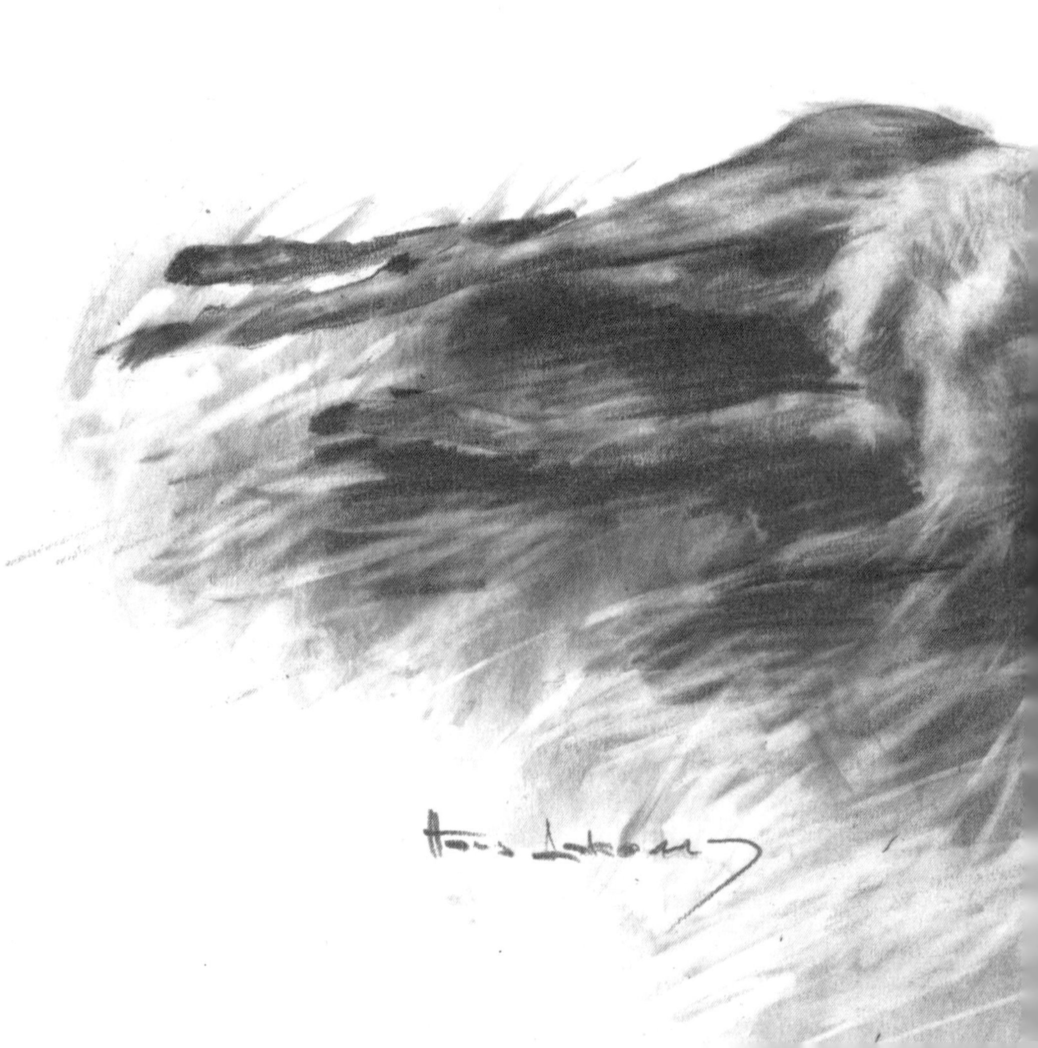

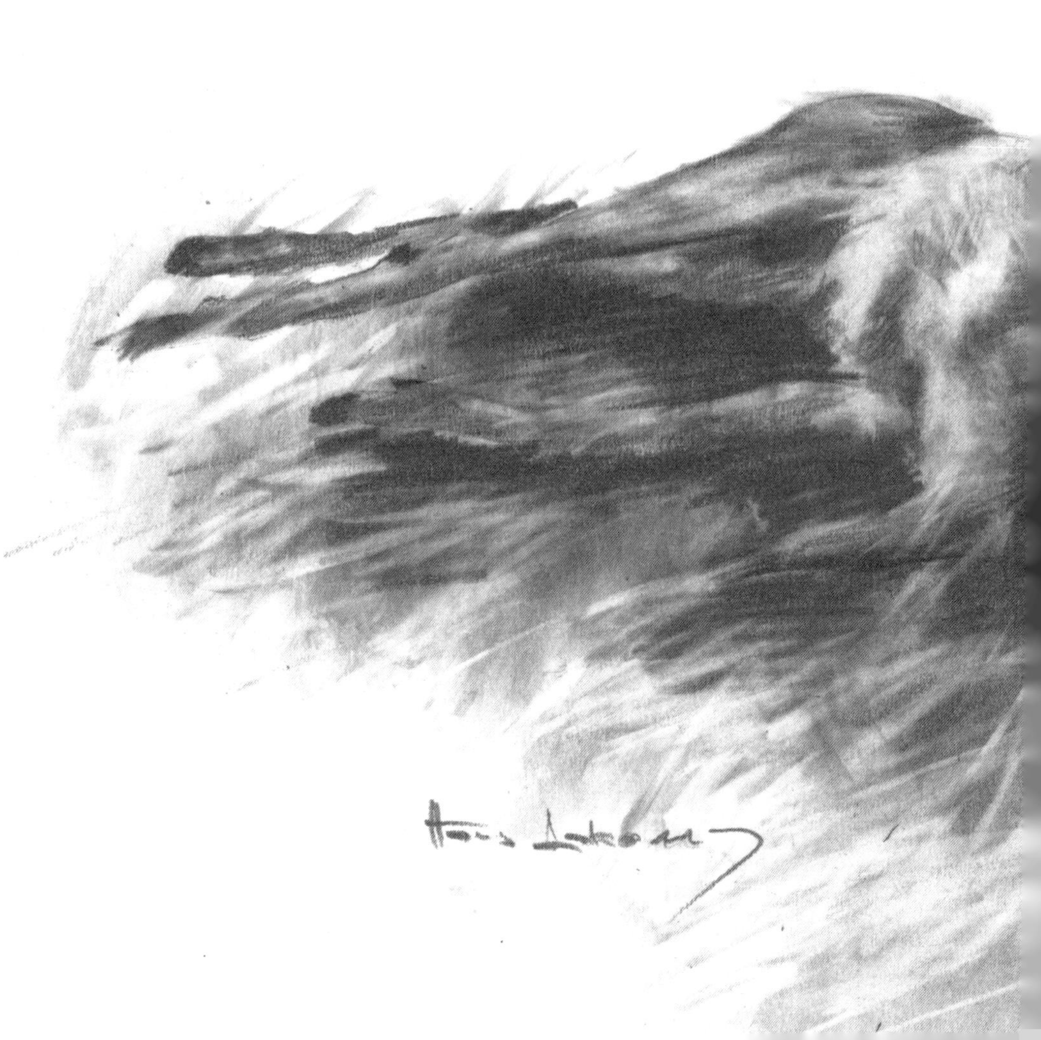